DUNKLE GEDANKENKONTROLLE DURCH NLP

Die geheimen Techniken der Psychologie. So schützen Sie sich vor Manipulation und programmieren Ihr Mindset auf maximalen Erfolg.

EMORY GREEN

BONUSHEFT

Mit dem Kauf dieses Buches haben Sie ein kostenloses Bonusheft erworben.

In diesem Bonusheft „Hypnose Schnellstart-Anleitung" erhalten Sie eine Einführung in die Welt der Konversationshypnose. Mit diesen Techniken können Sie andere Menschen während eines normalen Alltagsgespräches unbemerkt hypnotisieren.

Alle Informationen darüber, wie Sie sich schnell dieses Gratis-Bonusheft sichern können, finden Sie am <u>Ende dieses Buches</u>.

Beachten Sie, dass dieses Heft nur für eine begrenzte Zeit kostenlos zum Download zur Verfügung steht.

INHALTSVERZEICHNIS

EINFÜHRUNG

Waren Sie jemals in einer Situation, in der Sie sich aus irgendwelchen Gründen manipuliert oder beeinflusst gefühlt haben, damit Sie auf eine bestimmte Art und Weise handeln, sich verhalten oder denken? Vielleicht wurden Sie von Ihren Freunden dazu überredet, etwas zu tun, mit dem Sie nicht ganz einverstanden waren? Hat ein Verkäufer oder eine Verkäuferin in einem Lebensmittelgeschäft jemals versucht, Sie davon zu überzeugen, die Lebensmittel zu kaufen, die Ihnen zur Probe angeboten wurden? Oder hat ein Service-Berater schon einmal probiert, Sie davon zu überzeugen, eine Dienstleistung zu einem günstigen Preis zu erwerben, selbst wenn Sie diese Dienstleistung überhaupt nicht benötigen? Was haben all diese Menschen getan, um Sie zu überzeugen? Haben Sie eingewilligt? Waren Sie sich dessen überhaupt *bewusst*, dass Sie eingewilligt haben?

Die Wahrheit ist, dass es sehr überzeugende und manipulative Menschen gibt, die NLP-Techniken erfolgreich zu ihrem eigenen Vorteil einsetzen können. Ein gutes Beispiel für Menschen, die NLP-Techniken erfolgreich einsetzen, sind Verkäufer. Ein Beispiel hierfür wäre ein Vertreter eines Telekommunikationsunternehmens, der Sie dazu überredet, zusätzliche Dienstleistungen zu erwerben, die Sie nicht wirklich benötigen. Wenn Sie sich über das Thema NLP Gedanken machen, wenn Sie sich fragen, wie diese Techniken funktionieren oder wenn Sie wissen wollen, warum Menschen daran interessiert sind, die Macht der NLP-Techniken zu nutzen, dann sind Sie hier genau richtig. NLP kann Ihr Leben verändern, wenn Sie diese Techniken in die Praxis umsetzen. Um dies zu erreichen, sollten Sie die Potenziale, Geheimnisse und Kontroversen der mächtigsten NLP-Techniken erforschen. Es ist allgemein bekannt, dass diese Techniken das Leben, die Entscheidungen sowie die Denkweisen von Menschen verändern können.

Sobald Sie die NLP-Techniken gemeistert haben, wird eine Art Fahrplan in Ihrem Kopf erstellt, den Sie dazu benutzen können, Ihre Ziele zu erreichen. Es ist äußerst wichtig, die Fähigkeit zu nutzen, Ihren Geist und den anderer Menschen zu kontrollieren, um positive Ergebnisse zu erzielen und gleichzeitig Ihre Programmierung und Ihre Überzeugungen in Bezug auf Erfolg abzustimmen. Sobald Sie Ihr eigenes Kontrollkonzept verstanden haben und wissen, wie Sie diese leistungsstarken NLP-Techniken für Ihren eigenen Erfolg anwenden können, ohne dabei Schuldgefühle und einschränkende Überzeugungen zu haben, dann sind Sie auf dem Weg, um das Leben zu leben, von dem Sie immer geträumt haben!

Ich arbeite seit mehreren Jahrzehnten im Bereich der Wirtschaftspsychologie und erkannte dabei Muster innerhalb der klügsten und raffiniertesten Denkweisen der Menschen, die ein „Nein" als Antwort nicht akzeptieren, wenn es um ihr Geschäft bzw. um ihr Privatleben geht. Ich war bei großen Unternehmensverhandlungen mit Führungskräften anwesend, welche positive Ergebnisse für ihr Unternehmen und ihre Karriere in die Tat umsetzen wollten. Als Wirtschaftspsychologe, der Erfolgspläne für Menschen, politische Kampagnen und Unternehmen erstellt, entgegne ich diesen Menschen jedes Mal mit Respekt. Es ist wahr, dass einige Menschen alles für den Erfolg tun. Aus diesem Grund ist eine Psychologie der guten Motive und Absichten erforderlich, um hinsichtlich des Privatlebens, der Ziele und Unternehmungen erfolgreich zu sein. Ich beschäftige mich ebenfalls leidenschaftlich mit der weniger erforschten Seite des Gewinnens, zu der dunklere, wenn auch sehr einflussreiche Manipulationstechniken gehören, um andere Menschen zu überzeugen und stets die eigenen Ziele zu erreichen.

Dieses Buch unterscheidet nicht zwischen dem, was richtig und was falsch ist. Stattdessen erhalten Sie mit diesem Buch hilfreiche Einblicke in das mächtige Potenzial der NLP-Techniken, sodass Sie diese effektiv in Ihrem Leben einsetzen können, und zwar unabhängig davon, wie Sie sie einsetzen möchten. Eines ist jedoch sicher: Das Wissen, das Sie über die NLP-Techniken lernen werden, ist uneingeschränkt darauf ausgerichtet, Ihre Handlungen an bekannten psychologischen Methoden und Techniken auszurichten. Auf diese Weise können Sie Personen analysieren, Situationen kontrollieren und vermeiden, von denselben NLP-Taktiken kontrolliert zu werden. Wenn Sie also glauben, dass jemand mit Ihrem Verstand spielt oder wenn Sie dazu neigen, sich mit Menschen zu umgeben, die Ihren Verstand manipulieren, dann sind Sie nach dem Lesen dieses Buches sicherlich besser gerüstet.

Die Menschen sind beeindruckt von den vielen Win-Win-Situationen, Chancen und Geschäftsabschlüssen, die sie erreichen können, ohne zu wissen, ob diese möglicherweise durch NLP-Techniken umgesetzt wurden. Sie werden diese Techniken heute lernen. Ich hoffe, dass Sie nach dem Lesen dieses Buches auch Ihre eigenen positiven Veränderungen in Ihrem Leben spüren und in jeder Situation die gewünschten Ergebnisse erzielen werden.

Die Themen sowie das Wissen in diesem Buch werden umfassend vorgestellt und auf Bereiche angewendet, in denen diese Techniken das beste Erfolgspotenzial aufweisen. Dieses Buch ist zudem ohne Vorurteile gegenüber seinen Lesern geschrieben. Lassen Sie uns unsere menschlichen Fähigkeiten, Schwachstellen, Flexibilitäten, unterschiedlichen Perspektiven und Denkweisen verstehen und voll und ganz respektieren. Darüber hinaus behandelt dieses Buch nicht die üblichen NLP-Themen, sondern auch die umstrittenen, wenn auch mächtigsten Techniken, die in historischer Hinsicht erfolgreich waren.

Viele von uns wissen es vielleicht noch nicht, doch NLP-Techniken werden häufig verwendet, um die Wahrnehmungen, Denkweisen und Entscheidungen der Menschen zu beeinflussen. Sie existieren praktisch überall - im Vertrieb, in der Arbeitswelt, am Arbeitsplatz, in den Bereichen Management, Führung, Politik und sogar in bedeutsamen persönlichen Beziehungen. Wenn Sie wenig über NLP-Techniken wissen, dann ist dies fast gleichbedeutend damit, ein Opfer ihrer Macht zu werden. Sie haben die Wahl, kontrolliert zu werden oder die Kontrolle über jede Situation, in der Sie sich befinden, zu haben. Es ist an der Zeit, diese Macht selbst in die Hand zu nehmen!

Mehr Menschen sollten belesen sein und sich der potenziellen Macht der Psychologie bewusst sein, damit sie den Manipulatoren, die die NLP-Techniken aus den falschen Absichten einsetzen, erfolgreich widerstehen können. Wissen ist der *Schlüssel*! Wenn Sie eine Win-Win-Erfahrung für alle beteiligten Personen schaffen möchten, dann sollten Sie jetzt alles über diese Macht lernen. Lesen Sie dieses Buch und verwenden Sie alle Informationen, um die Welt zu erschaffen, die Sie sich für sich und ihre Mitmenschen wünschen.

Gefällt Ihnen dieses Buch bisher? Beachten Sie am Ende dieses Buches noch die kostenlose Bonus-Broschüre zum Thema Hypnose bei Unterhaltungen. Dieses Mini-E-Book ist der einfachste Weg, um zu lernen, wie man ein erfolgreicher Konversationshypnotiseur wird. Sind Sie neugierig bezüglich der Vorteile, die Ihnen diese Technik bei Ihren normalen täglichen Gesprächen bieten kann? Dann sichern Sie sich jetzt Ihr Exemplar! Diese kostenlose Broschüre ist nur für eine begrenzte Zeit verfügbar.

KAPITEL 1

Die Geheimnisse von NLP

NLP heute

NLP oder **Neurolinguistisches Programmieren** hat sich im Laufe der Zeit weiterentwickelt, da immer mehr Menschen die Anwendung dieser Techniken in verschiedenen Lebenssituationen wahrnehmen, sei es im beruflichen, familiären, sozialen oder persönlichen Umfeld. Weiterentwickelte NLP-Techniken können nützlich sein, weil sie eine Veränderung der Denkweisen, Assoziationen, Verhaltensweisen und sogar Emotionen von Menschen ermöglicht. NLP-Techniken können aufgrund ihrer Suggestivmacht, Einflussmöglichkeiten und Überzeugungskünste letztendlich das Leben eines Menschen verändern, und zwar durch Methoden, die ihnen dabei helfen, vorteilhaftere Denk- und Handlungsweisen zu finden. Kurz gesagt, NLP-Techniken können in jeder Situation praktisch und vorteilhaft sein, egal wie schwierig oder herausfordernd diese ist.

Die Interpretation von NLP

NLP besteht hauptsächlich aus drei wichtigen Komponenten: Geist bzw. Gehirn, Sprache (einschließlich verbaler und nonverbaler Sprache) sowie individuelle Programmierung. Der erste Teilbereich von NLP - der **Geist** bzw. **Neuro** - weist darauf hin, wie unterschiedliche Geisteszustände das Verhalten und die Kommunikation einer Person beeinflussen können. Wenn zum Beispiel mein gegenwärtiger Geisteszustand ruhig ist, dann ist es wahrscheinlicher, dass ich effektiv kommuniziere, als wenn ich gestresst und verärgert bin. Wie ich denke und fühle kann sich direkt auf die äußere Manifestation meines Verhaltens auswirken.

Der zweite Teilbereich von NLP ist die **sprachliche Komponente** bzw. die **Sprache**, die ein Individuum verwendet, um seinen Geistes- und Körperzustand zu kommunizieren. Die meisten von uns achten jedoch nur darauf, welche Wörter wir aussprechen und nicht auf die nonverbale Körpersprache. Tatsächlich scheint die nonverbale Kommunikation eher ein verräterisches Zeichen für den Geisteszustand eines Individuums zu sein als die gesprochenen Worte. Dies liegt daran, dass es zwar einfach sein kann, Wörter während einer verbalen Interaktion auszuwählen. Die nonverbale Körpersprache, wie das Erröten des Gesichtes, geschieht jedoch meistens eher unfreiwillig. Mit anderen Worten, Reaktionen und Antworten lügen normalerweise nicht, wohingegen Worte dies sehr wohl können.

Der dritte Teilbereich von NLP ist die **Programmierung**. Die Programmierung kann als die übliche Art und Weise beschrieben werden, wie ein Individuum reagiert, denkt und fühlt. Ein Leben mit Autopilot-Steuerung ist jedoch nicht immer von Vorteil, wenn es darum geht, neue Herausforderungen und Veränderungen effektiv zu bewältigen. Unter dem Begriff Veränderung versteht man die Fähigkeit, Dinge zu modifizieren bzw. zu transformieren. Hier kommt die Programmierung ins Spiel. Dies liegt daran, dass wir Menschen die Fähigkeit haben, unsere Gewohnheiten zu ändern, um unsere Zwecke und Ziele vorteilhafter erreichen zu können. Es handelt sich um eine bessere Alternative zur Beachtung veralteter Informationen, die keinen Zweck mehr erfüllen. NLP kann Menschen tatsächlich in funktionalere Individuen verwandeln, wenn sie sich selbst modifizieren und anpassen.

Moderne Ansichten und Kontroversen von NLP

Die modernen Ansichten in Bezug auf NLP legen nahe, dass diese sowohl für Unternehmen als auch im Privatleben anwendbar ist. Unternehmen können durch den geschickten Einsatz von NLP-Techniken bei Mitarbeitern, Käufern und Investoren besser werden. Individuen können ihre persönliche Situation ebenfalls verbessern, indem sie NLP-Techniken bei den Menschen in ihrem

Leben anwenden. Die Kontroversen rund um das Thema NLP beruhen jedoch auf der Überzeugung, dass es sich hierbei um eine Form der Gehirnwäsche, Hypnose und sogar Gedankenkontrolle handelt, um andere Menschen dazu zu bringen, das zu tun, was man will. Dies könnte darauf hindeuten, dass unwissende Menschen ebenfalls Opfer von NLP-Techniken werden können, wie beispielsweise bei den Methoden Modellieren, Spiegeln und Verankern. Wenn beispielsweise eine Person, die mit NLP-Techniken vertraut ist, Ihre Linguistik und Sprache spiegelt oder modelliert, schafft diese Person ein Gefühl des Vertrauens, sodass sie die Interaktion letztendlich zu ihren Gunsten beeinflussen kann. Darüber hinaus kann die Verwendung von NLP-Techniken, wie der Verankerungstechnik, ebenso effektiv sein, um die subjektive Erfahrung einer Person zu ändern. Dies liegt daran, dass sich in einer Person bestimmte Geisteszustände manifestieren können, wenn ein erfahrener NLP-Anwender die Verankerungsmethode verwendet (die unwissende Person physisch berühren), die diese davon überzeugt, zugunsten des NLP-Anwenders zu handeln. Dies kann, je nach Verwendung der NLP-Technik, in der jeweiligen Situation entweder zu positiven oder negativen Ergebnissen führen.

Die Grundlagen von NLP

Die Praxis von NLP wurde in den 1970er Jahren von der Familientherapeutin Virginia Satir, dem Gestalttherapeuten Fritz Perls und dem Hypnotiseur Milton Erickson auf der Grundlage von Psychologie, Linguistik und sogar Computerprogrammierung entwickelt. NLP wurde ebenfalls von zahlreichen bemerkenswerten Personen analysiert, wie dem Linguistik-Professor John Grinder und dem Computerprogrammier-Studenten Richard Bandler. Bandler, Grinder und andere beobachteten, dass, im Vergleich zu herkömmlichen Therapiemethoden, bessere Ergebnisse erzielt wurden, wenn Therapeuten, wie Satir, Perls und Erickson, bestimmte Kommunikationsmuster mit ihren Klienten verwendeten. Wenn diese Personen beispielsweise die Modellierungstechnik verwendeten - eine Verhaltensmethode, die signalisiert, dass der

NLP-Anwender seinen Patienten durch die Nutzung ähnlicher Aussagen wertschätzt - wurde die Person anfälliger dafür, ihre Aufmerksamkeit zu verlieren und sich zu positiveren Ergebnissen führen zu lassen.

Die Grundlagen von NLP basieren auf der Fähigkeit, eine andere Person durch verbale und nonverbale Hinweise zu lesen. Augenbewegungen können beispielsweise die Präferenzen einer Person verraten, ob sie lieber Gefühle, Wörter oder Bilder benutzt, wenn sie lernt oder auf Informationen zugreift. Dies ermöglicht es dem NLP-Anwender, den nächsten Gedanken bzw. den Geisteszustand eines Individuums ein- oder abzuschätzen. Zu den unterstützenden Prinzipien von NLP gehören außerdem der Aufbau einer Verbindung, ein umfassendes Bewusstsein für die eigenen Sinne, das Nachdenken über die Ergebnisse sowie die Flexibilität, sich an Veränderungen anzupassen, indem neue Methoden eingeführt werden (Bundrant, 2019). Der NLP-Anwender kann dann alle damit verbundenen Verhaltensweisen, Gedanken und sogar die Emotionen beeinflussen, indem er NLP-Prinzipien verwendet.

Reale Relevanz von NLP

Die reale Relevanz von NLP besteht darin, dass damit erfolgreiche Menschen und Ergebnisse erzielt werden können, von denen nicht nur die einzelne Person, sondern auch alle mit dieser Person verbundenen Menschen profitieren können, und zwar unabhängig davon, ob es sich um Mitarbeiter, Kollegen, Freunde oder Familienmitglieder handelt. Beispielsweise können konkurrierende Unternehmen NLP-Techniken anwenden, um ihre Manager und Vorgesetzten zu schulen, die wiederum ihren Mitarbeitern dann beibringen, wie sie durch solche Praktiken erfolgreich sein können. Tatsächlich wird NLP heutzutage häufig verwendet, da Kundeninteraktionen angesichts der zunehmenden Konkurrenz zwischen Unternehmen sowie aufgrund des Internets einen hohen Stellenwert erhalten. Kundeninteraktionen haben mehr Einfluss als beispielsweise eine unpersönliche E-Mail von einem Online-

Lebensmittel-Lieferservice. Es sind die einflussreichen und überzeugenden Interaktionen zwischen einem Unternehmen und einem Kunden, die Geschäftserfolge bestimmen können. Aus diesem Grund können NLP-Techniken die Ergebnisse für alle Beteiligten verbessern, da Vorschläge, Überzeugungsarbeit und Einfluss auf den Kauf eines Produktes oder einer Dienstleistung möglich sind.

Die Macht von NLP

NLP kann das Leben von uns Menschen verändern, indem Glaubenssysteme, Denkmuster sowie externe Manifestationen von Verhaltensweisen in wiederholtem Maße neu programmiert werden. NLP-Techniken können verändern, wie Sie Ihre aktuelle Situation sehen und wie Sie darauf reagieren. NLP-Techniken können zudem die subjektive Erfahrung des Individuums in Bezug auf die Realität verändern, und zwar sowohl im guten als auch im schlechten Sinne. Insbesondere kann NLP Menschen mithilfe von unterschwelligen Nachrichten und überlagerten Bedeutungen durch mächtige NLP-Techniken, wie Hypnose und der Verwendung unspezifischer Sprache, zur Durchführung von Handlungen beeinflussen. Zum Beispiel kann die Werbung, die Sie jeden Tag sehen, dazu führen, dass Sie aufgrund zahlreicher verdeckter NLP-Techniken mehr Geld ausgeben, als Sie normalerweise tun würden. Aus diesem Grund habe ich mir natürlich die Frage gestellt, ob Individuen im Allgemeinen, dank Neurolinguistischer Programmierung, überhaupt Dinge wie die Macht des Konsums erkennen. NLP kann buchstäblich die Richtung Ihres Lebens verändern, indem die Menschen in Ihrem Umfeld auf einer tieferen Ebene beeinflusst werden. Viele Leute wenden höchstwahrscheinlich NLP-Techniken an, ohne dass sie es merken. Beispielsweise verwenden manche Personen Emojis bei Instant-Messaging-Diensten, um eine bestimmte Stimmung mit dieser Nachricht zu schaffen.

NLP-Schulung

Menschen, die eine NLP-Schulung absolvieren, können bessere Kommunikatoren werden, nonverbale Signale besser interpretieren sowie ihre Gedanken und Gefühle besser beherrschen. Manche Menschen nehmen an NLP-Schulungen teil, um Erfolg zu haben, egal ob aus persönlichen oder beruflichen Gründen. Darüber hinaus kann das NLP-Training weniger nützliche Verhaltensweisen, wie Suchterkrankungen, heilen. Mithilfe des NLP-Trainings können auch Informationen von anderen Menschen abgerufen werden, indem Personen durch erlernte NLP-Techniken effizient kommunizieren. Das NLP-Training wird aus zahllosen Gründen verwendet.

Die verschiedenen NLP-Ausbildungsstufen sind NLP-Praktiker, NLP-Master-Praktiker, NLP-Trainer sowie NLP-Coach, wobei NLP-Praktiker die erste Unterrichtsstufe und NLP-Coach die höchste verfügbare Ausbildungsstufe darstellt. Sobald Sie eine Stufe der NLP-Ausbildung erfolgreich absolviert haben, können Sie die nächste Stufe der NLP-Kompetenz erreichen. Das NLP-Training wird Stufe für Stufe sukzessive immer detailreicher.

Der **NLP-Praktiker** erlernt zunächst die NLP-Grundlagen. Darüber hinaus lernt er, NLP-Techniken auf alltägliche Situationen anzuwenden. Wenn der NLP-Praktiker die neu erlernten NLP-Techniken und -Werkzeuge auf sein Leben anwendet, erkennt er, wie nützlich NLP-Techniken auch für andere Menschen sind.

Der **NLP-Master-Praktiker** erlernt fortgeschrittenere, detailliertere und tiefergehende NLP-Modelle und -Techniken, wie zum Beispiel das Ändern von Werten und Glaubenssystemen, die sich auf die Bereiche Arbeit, Familie und das Leben allgemein beziehen können. Darüber hinaus erlernt der NLP-Master-Praktiker auch verbesserte Kommunikationstechniken, einschließlich der Quantenlinguistik, einem Sprachsystem, welches darauf hindeutet, dass das menschliche Nervensystem durch das Selbstgespräch des Geistes angetrieben wird und visuelle Bilder erzeugt (Miller, o.

J.). Darüber hinaus wird der NLP-Master-Praktiker auch etwas über **Metaprogramme** erfahren, zu denen führende NLP-Techniken, wie sprachliche Verhandlungen, gehören. Die Master-Schulung ist entscheidend für Veränderungen und Verbesserungen in allen Lebensbereichen.

Die nächste Stufe des NLP-Trainings ist der **NLP-Trainer**. Zu diesem Zeitpunkt sollte der NLP-Trainer alle kritischen und fortgeschrittenen NLP-Techniken und -Werkzeuge beherrschen. Darüber hinaus hat der NLP-Trainer gelernt, sich seinem Publikum mit größtem Selbstvertrauen zu präsentieren, indem er andere erfolgreich darin schult, überzeugende und einflussreiche Fähigkeiten in großem Umfang einzusetzen. Diese Trainingsstrategien umfassen das Verstehen und Analysieren von Gruppenprozessen, damit der NLP-Trainer zu einem einflussreichen Redner und Moderator werden kann. Sobald der NLP-Trainer diese Techniken beherrscht, sollte er sie einem Publikum erfolgreich präsentieren können.

Die letzte Stufe des NLP-Trainings ist der **NLP-Coach**. Der NLP-Coach verfügt über eine hohe Kompetenz in den Bereichen NLP und Lebensberatung durch Vorgespräche, Informationserfassung, Transformation und Integration (International Neuro-Linguistic Programming Center, o. J.). Darüber hinaus ist der NLP-Coach flexibel und kann während einer Coaching-Sitzung zwischen verschiedenen NLP-Modellen und -Techniken wechseln. Der NLP-Coach ist in der Lage, anderen Menschen zu einem erfolgreicheren und vorteilhafteren Ergebnis zu führen, was der Sinn von NLP ist.

Die Kraft von NLP nutzen

Einige Gründe, warum Menschen die Macht von NLP nutzen möchten, sind persönliche Weiterentwicklung und Verbesserungen im Arbeitsumfeld. Wenn ein NLP-Anwender andere Menschen dazu motivieren kann, auf eine bestimmte Weise zu denken, zu handeln und sich zu verhalten, die mit seinen Interessen und

Zielen übereinstimmt, dann kann er diesen Menschen effektiv kontrollieren und steuern, um persönliche und berufliche Vorteile zu erzielen. Einige NLP-Anwender möchten anderen Menschen jedoch dabei helfen, diejenigen Probleme zu überwinden, die sie in ihrem persönlichen Leben behindern, seien es Depressionen, Phobien oder schlechte Angewohnheiten. NLP hat die Macht, den Verlauf unseres Lebens zu verändern, indem Menschen neu programmiert werden, um funktionalere und effizientere Mitglieder der Gesellschaft zu werden.

Um die Leistungsfähigkeit von NLP nutzen zu können, muss ein Individuum jedoch nicht nur die NLP-Techniken, sondern auch sich selbst beherrschen. Mit anderen Worten ausgedrückt: Ein NLP-Anwender kann nicht effizient sein, wenn er nicht übt, da die Anwendung von NLP-Techniken mehr als nur Worte erfordert. Damit diese glaubwürdiger und effektiver angewandt werden können, ist es erforderlich, dass ein NLP-Anwender bestimmte Maßnahmen ergreift. Um dies zu erreichen, muss die Körpersprache des NLP-Anwenders mit den Wörtern übereinstimmen, die er auswählt, um seinem Gegenüber eine Nachricht zu vermitteln. Andernfalls ist es weniger wahrscheinlich, dass sein Gegenüber ihn als überzeugend oder glaubwürdig wahrnimmt, was sich auf das Ergebnis der NLP-Techniken auswirkt. Mit anderen Worten ausgedrückt: Der NLP-Anwender muss dazu in der Lage sein, zuerst sich selbst zu kontrollieren und zu manipulieren, bevor er versucht, dies mit anderen zu tun.

Es scheint, dass die Nutzung der Kraft von NLP-Techniken der Nutzung der natürlichen Ressourcen, wie Körper und Geist, sehr ähnlich ist, um sie effektiver zu machen.

Dunkle NLP

In einigen Fällen wenden NLP-Experten die Techniken an, um andere Menschen und Situationen zu ihrem Vorteil und auf Kosten anderer Menschen zu steuern und zu manipulieren. Zum Beispiel kann eine Person mit narzisstischen Tendenzen in den Kopf ihres

Opfers eindringen, indem sie dieselben NLP-Techniken anwendet, die den Menschen zugutekommen können, die jedoch disruptiver und verdeckter sind. Dazu gehört zum Beispiel, Interesse an einem Opfer vorzutäuschen, um Gehorsam und Unterwürfigkeit hinsichtlich bestimmter Ziele zu erlangen. Mit anderen Worten, die **dunkle NLP** kann auch für böswillige Absichten verwendet werden. Die dunkle NLP könnte möglicherweise der Bevölkerung schaden, wenn sie in die falschen Hände gerät, da die Menschen so programmiert werden könnten, dass sie zu Zerstörung neigen, anstatt hilfreiche Absichten und Ziele zu fördern.

Die Macht von NLP, Menschen zu überzeugen, zu beeinflussen und zu manipulieren

NLP kann Menschen überzeugen, beeinflussen und manipulieren, sodass sie auf eine bestimmte Art und Weise denken, fühlen und sich verhalten, die nicht mit ihren besten Interessen übereinstimmt. Wenn beispielsweise ein NLP-Anwender Worte sagt, die im Gleichklang des natürlichen Herzschlages seines Gegenübers ausgesprochen werden (eine Gedankenkontroll-Technik), dann wird der Geist des Empfängers beeinflussbarer (Kumar, 2016) und leichter manipulierbar. Eine andere Technik zur Gedankenkontrolle, die NLP-Experten anwenden könnten, besteht darin, suggestive **„heiße Wörter"** zu verwenden, da diese mit den Sinnen verbunden sind, die der Empfänger am häufigsten verwendet. Zum Beispiel können Worte und Sätze, wie *„Fühlen Sie"*, *„Hören Sie"* und *„Schauen Sie"* einen Geisteszustand hervorrufen, in dem das Gegenüber beeinflussbarer wird.

Weitere Kontroversen und Kritik in Bezug auf die Gefahren von NLP

Es gibt viele Kontroversen rund um das Thema NLP und den dazugehörigen verschiedenen Gedankenkontroll-Techniken, die in den vorherigen Abschnitten erwähnt wurden. Ein Kritikpunkt an NLP-Techniken besteht darin, dass diese den Geist des Empfängers stärker durcheinanderbringen als dass sie sein Leben verbessern. NLP-Experten, wie Richard Bandler, haben es sich zur Lebensaufgabe gemacht, in die Gedanken, Gefühle, Wahrnehmungen und Überzeugungen der anderen Person einzudringen, indem sie die Kunst der Gedankenkontrolle praktizieren. Die Menschen stellen jedoch die Authentizität und Gültigkeit von NLP infrage, da diese oft als Pseudowissenschaft bzw. schwarze Magie bezeichnet wird und nicht als tatsächliches Gebiet wissenschaftlicher Studien. Andere Kontroversen ergeben sich daraus, dass NLP, obwohl sie als Pseudowissenschaft bezeichnet werden kann, in den meisten Lebensbereichen dennoch anwendbar ist - von der beruflichen Entwicklung bis zum persönlichen Wachstum. Diese Behauptungen basieren auf den Ergebnissen, die NLP hervorgebracht hat. Wie dem auch sei, NLP entwickelt sich stets weiter und es gibt noch viel zu entdecken.

Zusammenfassung des Kapitels

In diesem Kapitel haben Sie zusätzlich zu einigen der wichtigsten Werkzeuge und Techniken alles über das Thema NLP (Neurolinguistisches Programmieren) gelernt. Sie haben ebenfalls viele Gründe erfahren, warum Menschen NLP-Techniken nutzen und trainieren möchten. Ebenso wichtig ist die dunkle NLP aufgrund ihres Potenzials, Menschen durch Gedankenkontrolle zu steuern und zu manipulieren. Um Ihr Gedächtnis aufzufrischen, sind nachfolgend einige wichtige Punkte aus diesem Kapitel zusammengefasst:

- Unter dem Begriff NLP versteht man die Neurolinguistische Programmierung, bei der der Geist, die Sprache und die gewohnheitsmäßigen Denk-, Gefühls- und Verhaltensweisen (Programmierungen) die subjektive Erfahrung verändern können.
- NLP kann im beruflichen und persönlichen Bereich nützlich sein, da sie auf der Macht der Suggestion, Überzeugungskraft und des Einflusses basiert.

- Zu den Grundlagen von NLP gehören der Aufbau von Beziehungen, ein umfassendes Bewusstsein für die eigenen Sinne, das Nachdenken über die Ergebnisse sowie die Flexibilität, sich an Veränderungen anzupassen.

- Die reale Relevanz von NLP besteht darin, dass damit erfolgreiche Ergebnisse erzielt werden können, die nicht nur dem Individuum, sondern allen mit dieser Person verbundenen Menschen zugutekommen. Dies kann Mitarbeiter, Kollegen, Freunde oder Familienmitglieder umfassen.

- NLP kann Leben verändern, indem Glaubenssysteme, Denkmuster sowie externe Manifestationen von Verhaltensweisen in wiederholtem Maße neu programmiert werden.

- Menschen, die an einem NLP-Training teilnehmen, können bessere Kommunikatoren werden, nonverbale Signale besser interpretieren und ihre eigenen Gefühle und Gedanken besser kontrollieren.

- Zu den NLP-Ausbildungsstufen gehören NLP-Praktiker, NLP-Master-Praktiker, NLP-Trainer sowie NLP-Coach.

- Die Gründe für die Nutzung der Macht von NLP sind die persönliche Weiterentwicklung sowie die Verbesserung des Unternehmenserfolges.

- Die dunkle NLP setzt Techniken ein, um den Geist anderer Menschen zu kontrollieren und Individuen sowie Situationen zum Vorteil des NLP-Experten zu manipulieren - auf Kosten des Gegenübers.

- NLP kann Menschen überzeugen, beeinflussen und manipulieren, sodass sie auf eine bestimmte Art und Weise denken, fühlen und sich verhalten, die nicht mit ihren besten Interessen übereinstimmt.

- NLP ist umstritten und wird häufig stark kritisiert.

Im nächsten Kapitel erfahren Sie alles über das Überschreiten gefährlicher Grenzen bei der Nutzung von NLP-Techniken.

Gefährliche Grenzen überschreiten

NLP-Ethik

Die Verwendung von NLP-Techniken ist umstritten, da viele dieser Techniken für den Empfänger verdeckt und manipulativ sein können. Dies liegt daran, dass der Empfänger die meiste Zeit nicht weiß, dass er manipuliert wird. Zum Beispiel ist die Verwendung der Spiegelungstechnik fraglich, die eine Person dazu bringen kann, dem NLP-Experten zu vertrauen, weil dieser das Individuum zu der Denkweise verleitet, der NLP-Experte sei ihm ähnlich. Infolgedessen wird diese Person ihre Wachsamkeit verringern. Diese Taktik und ähnliche Arten von NLP-Techniken können gefährliche Grenzen überschreiten, da sich das Gegenüber danach möglicherweise in einem relativ schädlichen oder zerstörerischen Zustand befindet. Noch beängstigender und alarmierender ist die Möglichkeit, dass die natürliche Programmierung des Individuums auf unnatürliche Weise neu aufgebaut wird.

Was ist hinsichtlich der Anwendung von NLP-Techniken ethisch und was nicht?

Es ist notwendig, sich zu überlegen, ob NLP-Techniken ethisch sind, da diese den Zweck haben, andere Menschen zu beeinflussen und zu steuern, ohne dass sie dies wissen. Dies könnte als eine Art List angesehen werden, da ein NLP-Experte betrügerische Maßnahmen einsetzt, um sein Ziel zu erreichen. Der Empfänger kann zudem als potenzielles Mittel zum Zweck angesehen werden. Dieses Konzept ist von Natur aus unethisch, da der Empfänger unter dem Einfluss der NLP weniger Kontrolle über seine eigenen Fähigkeiten und Entscheidungen hat, da er unbewusst „programmiert" wurde.

Personen, die diese Informationen kennen und die NLP-Techniken anwenden, sollten damit vorsichtig umgehen, um dem Empfänger keinen Schaden zuzufügen. Die höchsten Standards und die höchste Ethik müssten angewendet werden, ähnlich wie bei Ärzten, die versprechen, dem Einzelnen unter dem hippokratischen Eid keinen Schaden zuzufügen. Wenn Sie NLP auf ethische Art und Weise praktizieren, werden die NLP-Techniken ohne die Absicht angewandt, andere Menschen zu schädigen, zu kontrollieren oder sie auf andere Weise zu benachteiligen. Der moralische Kompass, ob beruflich oder persönlich, muss eingesetzt werden, um Misshandlungen des Empfängers zu vermeiden. Darüber hinaus ist es empfehlenswerter, NLP an sich selbst auszuprobieren, um Ihre eigene Situation zu verbessern, anstatt sie an anderen Menschen ohne deren Zustimmung oder Wissen zu üben. Unterschwelliges Messaging und NLP-Programmierung gibt es überall - in Selbsthilfekursen, in den Bereichen Werbung, Wirtschaft und sogar in der Politik.

Ist das Aufzwingen von NLP-Techniken ethisch?

Die Bereiche Werbung, Wirtschaft und Politik sind bekannt dafür, den Empfängern ihre Ansichten, Gedanken und Überzeugungen aufzuzwingen. Eine Person, die sich beruflich mit NLP-Techniken beschäftigt, muss es jedoch vermeiden, einer beeinflussbaren Person ihre persönliche Ansichten, Werte und Überzeugungen aufzuzwingen. Denn diese Person würde die Ansichten des NLP-Experten eher übernehmen oder unterschreiben, wenn sie einen Ausgangspunkt für Veränderung in ihrem Leben bzw. in einem unbekannten Gebiet benötigt (Inspiritive NLP, 2008). Als mein Sohn beispielsweise für sechs Monate von den Marines nach Afrika entsandt wurde, brauchte ich einen Zusammenhang, um damit umgehen zu können, nicht zu wissen, ob er bzw. ich diese Erfahrung überleben würde. Ich ging zu einem Experten, um mich damit zu beschäftigen. Dieser Experte zwang mir seine Überzeugungen, Werte oder Ansichten nicht auf. Infolgedessen fühlte ich mich frei und ungezwungen, ich selbst zu sein, wenn ich über meine Gefühle sprach, die mit dem Einsatz meines Sohnes verbunden waren.

Der Einsatz von NLP-Techniken ist jedoch ethischer, wenn der Empfänger genau weiß, was vor sich geht und zuvor die Erlaubnis dafür erteilt hat. Diese Zustimmung ermöglicht es dem NLP-Anwender, sein Handwerk ethisch und moralisch auszuüben, um die Situation des Klienten zu verbessern. Aufgrund der Macht, die den NLP-Anwendern anvertraut wird, sind diese dafür verantwortlich, das ihnen gewährte implizite Vertrauen nicht zu missbrauchen. Es handelt sich um eine Verpflichtung gegenüber dem Empfänger, dass der NLP-Anwender Integrität verkörpert, wenn er mit ihm NLP-Praktiken und -Anwendungen durchführt. Selbstverständlich müssen ähnliche Werte und moralische Prinzipien auch das Verhalten des NLP-Praktikers bestimmen.

NLP-Vorannahmen

Die Praxis und Anwendung der NLP enthält zahlreiche Vorannahmen, die dazu beitragen, diese sich entwickelnde Wissenschaft zu einem ethisch akzeptierten Arbeitsbereich zu machen, zu strukturieren und zu definieren. Zum Beispiel lässt die NLP-Vorannahme, die Weltanschauung bzw. das Lebensmodell anderer Menschen zu respektieren, darauf schließen, dass der NLP-Praktiker andere Weltanschauungen als seine eigenen berücksichtigt. Jede Weltanschauung oder jedes Lebensmodell, nach dem sich ein Individuum richtet, sollte genauso würdig und gültig sein wie alle anderen auch. Es ist wichtig, dies in Erinnerung zu behalten, da der NLP-Experte in einigen Fällen seine eigenen vorgefassten Vorstellungen in Bezug auf seinen Klienten entwickeln kann, die auf seiner Weltanschauung basieren, was für den Empfänger weder ethisch korrekt noch fair ist.

Tatsächlich scheint es, als legten vorgefasste Vorstellungen, Ideen oder Voraussetzungen eine Inflexibilität des NLP-Praktikers nahe, was zu einer weiteren Vorannahme der NLP-Praxis führt. Laut Goodman ist es nicht so einfach, eine Beziehung zu seinem Gegenüber herzustellen, wenn ein NLP-Experte in Bezug auf seine Denkweise und seine Kommunikation mit dem Klienten unflexibel ist (2018). Der Klient kann sogar gegen die Versuche des NLP-Experten, eine Beziehung aufzubauen, resistent werden. Darüber hinaus kommt nun die Ethik mit ins Spiel, weil nun eine offensichtliche Ungleichheit auftritt. Dies impliziert die Erwartungshaltung, dass der Klient die gesamte Kommunikation des NLP-Experten akzeptieren muss, während die Erwartungshaltung vernachlässigt wird, dass der NLP-Experte überhaupt auf die Gedanken und Konzepte des Klienten hört. Kurz gesagt, Kommunikation und Interaktion müssen zwischen dem Klienten und dem NLP-Praktiker wechselseitig vonstattengehen, da diese beiden Parteien eine Verbindung des gegenseitigen Verständnisses aufbauen müssen. Trotz dieses Gebens und Nehmens können die Vorannahmen mitunter dazu führen, dass das Gleichgewicht zwischen Macht und Einfluss als ungleich bezeichnet wird.

Eine weitere wichtige Vorannahme für NLP besteht darin, dass alle Verhaltensweisen positive Absichten haben, da sie angesichts der Verfügbarkeit von Ressourcen zu diesem Zeitpunkt die bestmögliche Wahl sind. Kurz gesagt, wir tun unser Bestes mit den Dingen, die uns innerhalb eines bestimmten Zeitrahmens zur Verfügung stehen. Die Verhaltensweise wird als positiv charakterisiert, da stets nützliche und hilfreiche Dinge zu gewinnen sind (Goodman, 2018). Darüber hinaus ist das Verhalten aus den oben genannten Gründen niemals grundsätzlich „falsch". Es gibt jedoch einen Unterschied zwischen positiv und moralisch akzeptabel sowie zwischen negativ und den Dingen, die als falsch angesehen werden. Wenn zum Beispiel aus der NLP-Praxis nützliche Dinge gewonnen werden können, lässt dies darauf schließen, dass das Verhalten des NLP-Experten stets positiv und ethisch akzeptabel ist? Selbstverständlich gibt es im Bereich der NLP Voraussetzungen und Vorannahmen, die im Widerspruch zur tatsächlichen Praxis zu stehen scheinen, wenn der NLP-Anwender und seine Arbeitsweisen untersucht werden. Dieses Konzept widerspricht der Richtigkeit der NLP-Praxis aufgrund des Ungleichgewichtes von Macht, Überzeugung und Einfluss zwischen dem NLP-Experten und dem Individuum.

Trotzdem führt die gegenseitige Beeinflussung von Geist und Körper zur NLP-Vorannahme, dass dies möglich ist, weil beide Dinge miteinander verbunden sind. Genauer gesagt manifestiert unser Körper nach außen, was in unserem Geist passiert, wenn wir unsere Denkweise ändern. Ebenso kann unser Verhalten auch unsere innersten Gefühle und Gedanken verändern. Die Geist-Körper-Verbindung kann unsere subjektive Erfahrung der Realität beeinflussen, was für die NLP-Praxis und -Anwendung nützlich ist. Dies liegt daran, dass Körper und Geist besser aufeinander abgestimmt werden können, wenn der NLP-Anwender den natürlichen Zustand bzw. die Programmierung ändern kann, nachdem er mehr über die Funktionsweise gelernt hat. Dies kommt letztendlich dem Patienten zugute. Der NLP-Anwender kann ebenfalls von der **Geist-Körper-Verbindung** des Patienten profitieren, da er den Patienten noch stärker beeinflussen kann, sobald dessen Körper und Geist synchronisiert sind.

Dies sind einige weitere NLP-Vorannahmen (Goodman, 2018):

- Wir kommunizieren immer.
- Wir haben bereits alle Ressourcen in uns, die wir benötigen oder können diese schaffen. Aus diesem Grund gibt es so etwas wie ressourcenarme Menschen nicht. Es gibt nur ressourcenarme Geisteszustände.
- Das System (die Person) mit der größten Flexibilität (Auswahlmöglichkeiten) in ihrer Verhaltensweise hat den größten Einfluss auf das System.
- Wir Menschen funktionieren perfekt.
- Akzeptieren Sie die Person, ändern Sie das Verhalten.

- Es gibt keine Misserfolge, sondern nur Feedback.
- Eine Wahl ist besser als keine Wahl.
- Alle Prozesse sollten zu Integration und Ganzheitlichkeit führen.
- Wenn Sie verstehen wollen, handeln Sie.

Diese NLP-Annahmen sind für die NLP-Anwendung sehr wertvoll, da sie ebenfalls dazu beitragen, die Implementierung in der realen Welt zu steuern.

Anwendungsbereiche von NLP

NLP, als sich weiterentwickelnde Wissenschaft, kann für verschiedene Zwecke verwendet werden. Einer dieser Zwecke beinhaltet, uns selbst so zu verbessern, dass wir die beste Version von uns selbst werden. Zum Beispiel kann NLP einer Person dabei helfen, einen optimalen Gesundheitszustand zu erreichen, indem sie neu programmiert wird und daraufhin konsequent gesündere Bewegungs- und Essgewohnheiten annimmt. Vielleicht könnten auch gesundheitsschädliche Angewohnheiten, wie Rauchen, durch NLP verschwinden. Für den Fall, dass Sie besser mit einer anderen Person kommunizieren möchten, gibt es viele NLP-basierte Kurse, an denen Sie teilnehmen können, um Ihre Kommunikationsfähigkeit zu optimieren.

Darüber hinaus wird NLP im Arbeitsumfeld verwendet, zum Beispiel um zu lernen, wie man durch NLP-Techniken ein besserer Manager, Kollege oder eine bessere Führungskraft wird. Zum Beispiel kann ein Manager mithilfe von NLP-Techniken lernen, besser mit Mitarbeitern zu kommunizieren, um eine gesteigerte Arbeitsproduktivität zu erzielen. Auf der anderen Seite können Mitarbeiter möglicherweise ihre Denkweisen verbessern, um andere Kollegen besser zu verstehen und effizienter mit ihnen zusammenzuarbeiten. Kurz gesagt: NLP wird hauptsächlich zur beruflichen und persönlichen Verbesserung eingesetzt.

Manchmal wird NLP jedoch auch dazu verwendet, um Personen in großem Umfang durch Neuformulierung von Inhalten und

Kontexten bei Seminaren und Versammlungen zu kontrollieren. Zum Beispiel beschreibt eine Person, die NLP-Techniken bei einer Menschenmenge einsetzt, eine bestimmte Situation als optimaler als sie wirklich ist, sodass diese Person eine große Gruppe von Menschen von ihrer eigentlichen Botschaft ablenken kann, indem sie sie einer Gehirnwäsche unterzieht oder sie davon überzeugt, einer Ideologie, wie beispielsweise Hare Krishna, zu folgen. Ein weiteres Beispiel könnte ein Geschäftsseminar zur Verbesserung der Kundenbeziehungen sein. Ein erfahrener NLP-Anwender kann eine große Gruppe von Menschen dazu bringen, bestimmte Überzeugungen, Werte und Wahrnehmungen zu akzeptieren, ohne dass die Menschen diese infrage stellen. Eine Methode, die der NLP-Profi verwenden würde, um dies zu erreichen, besteht darin, durch geschichtete und unterschwellige Botschaften einen erhöhten Suggestibilitätszustand zu erreichen, damit er eine bestimmte Situation positiver oder optimaler gestalten kann als sie in Wirklichkeit ist.

In Bezug auf die **geschichtete Bedeutung** und der **unterschwelligen Übermittlung von Botschaften** können Werbeanzeigen ebenfalls versuchen, den Verbraucher dazu zu verleiten, Produkte oder Dienstleistungen mithilfe bestimmter NLP-Techniken zu kaufen. Die Verwendung einer vagen Sprache ermöglicht es dem Werbetreibenden beispielsweise, den Verbraucher zu der Annahme zu verleiten, dass er mehr Optionen zur Auswahl hat, da eine vage Sprache eine stärkere Interpretation der Botschaft des Werbetreibenden ermöglicht (Evolution Development, 2019). Dies geht aus dem Milton-Modell von Milton Erickson hervor, der bei seinen Kunden gezielt eine vage Sprache verwendete, um mehr Interpretationsspielraum zu schaffen. Es ist diese mehrdeutige Sprache, die den Verbraucher angesichts der angeblichen Wahlfreiheit dazu bringen kann, sich für ein bestimmtes Produkt oder eine bestimmte Dienstleistung zu entscheiden. NLP-Profis können ihren Kunden zudem Entscheidungen durch eine zielgerichtete, unspezifische Sprache präsentieren.

NLP wird auch in der Politik eingesetzt, insbesondere vor Wahlen, wenn die Kandidaten Wahlwerbung betreiben. Einige Politiker gehen sogar so weit, **hypnotische Trance-Wörter** zu verwenden, damit der Wähler das Gefühl bekommt, eine besondere Verbindung zu dem Politiker zu haben. Laut Basu besitzen einige Wörter beispielsweise einen verankerten Trance-Effekt, da diese uns mit einem Bedeutungsgehalt beeinflussen, die wir unseren Gedanken, Gefühlen, Überzeugungen und Erfahrungen zuschreiben (2015). Wenn ein einflussreicher Politiker diese Worte an die Menschen aussendet, werden die Menschen motivierter als zuvor. Dies kann sich auf die Wahlbevölkerung auswirken, da diese die Auswirkungen politischer Spielereien weniger stark wahrnimmt.

Kulte und Manipulatoren verwenden und missbrauchen NLP-Techniken

Manipulatoren und Kulte verwenden und missbrauchen NLP, indem sie das Identitäts- und Entscheidungsgefühl eines Individuums überschreiben und ihre eigenen, unbekannten Pläne, mit der Absicht der totalen Gedankenkontrolle, des Gehorsams und der Unterwürfigkeit, vorantreiben. Diese Gedankenkontrolle kann für das Wohl des Einzelnen gefährlich sein, da unabhängiges Denken oder Handeln nahezu unmöglich gemacht wird. Dies kommt daher, dass dem Individuum beigebracht wird, sich in Bezug auf Identität, Bedeutung und/oder Lebenszweck auf die Kultführer und die Gruppe zu verlassen. Das Individuum leidet infolgedessen unter nachteiligen Konsequenzen, weil dieser Mangel an Identitätsbewusstsein eine leichtere Manipulation und Gedankenkontrolle durch Massenhypnose ermöglicht. Mit anderen Worten, NLP-Techniken sowie ähnliche Techniken, die durch einen destruktiven Kult oder einen Manipulator ausgeübt werden, helfen dem Individuum nicht, sondern schaden ihm. Diese Handlungen sind unethisch und gefährlich.

Es besteht eindeutig das Potenzial, beim Einsatz von NLP-Techniken gefährliche Grenzen zu überschreiten. Beispielsweise kann der Empfänger möglicherweise nicht mehr effektiv im Leben funktionieren, da seine subjektive Realität sowie sein Bewusstsein weniger funktionsfähig geworden sind. Ehen können zerbrechen, es kann zum Verlust des Arbeitsplatzes kommen und nach einem Wochenende mit NLP-Fans können sogar negative psychische Zustände, wie Depressionen, auftreten. Laut Tippet können Kulte die Technik der Massenhypnose verwenden, um einen subjektiv veränderten Geisteszustand für das Individuum herbeizuführen, indem sie dessen Fähigkeiten hemmen und emotionale Reaktionen in ihm hervorrufen (1994). Als ich zum Beispiel die Grundausbildung der Armee absolvierte, schrien die Ausbilder Befehle, denen man folgen musste, welche eine emotionale Reaktion hervorriefen. Auf diese Weise versuchten sie, die neuen Rekruten dazu zu bringen, sich zu unterwerfen. Es handelt sich hierbei um eine effektive Technik, die beim Einzelnen Gehorsam und Unterwürfigkeit hervorruft, da emotionale und körperliche Erschöpfung die ursprünglichen Fähigkeiten des Rekruten beeinträchtigen kann, wenn dieser für lange Zeit Befehle befolgen musste. Solche Techniken können für den Empfänger schädlich sein, da seine Individualität unter diesen Umständen untergraben wird und von kultartigen Techniken überschwemmt wurde, die an Hypnose und NLP-Techniken erinnern. Nachdem ich zum Beispiel ehrenhaft aus dem Militär entlassen worden war, dauerte es einige Zeit, bis ich mich wieder an den Alltag gewöhnt hatte.

Wie wir gesehen haben, können NLP und ähnliche Techniken nicht nur für den Einzelnen, sondern auch für Gruppen gefährlich sein. Deshalb müssen NLP-Techniken mit größter Sorgfalt und Aufmerksamkeit geübt und angewendet werden. NLP-Experten müssen sich diese Verantwortung aufgrund des Vertrauens, das ihnen durch den Klienten entgegengebracht wurde, zu Herzen nehmen. Ich glaube, dass dieses Zitat die Situation vollständig zusammenfasst:

„Fast alle Menschen können Widrigkeiten ertragen, doch wenn Sie den Charakter eines Menschen testen möchten, geben Sie ihm Macht."

Abraham Lincoln

Zusammenfassung des Kapitels

In diesem Kapitel haben Sie etwas über die Ethik von NLP gelernt. Sie haben auch gelernt, wie die Vorannahmen von NLP helfen können, die praktische Anwendung zu leiten, während die ethischen Implikationen berücksichtigt werden. Darüber hinaus haben Sie erfahren, wie NLP über die Selbsthilfe hinaus auf andere Weise eingesetzt wird. Und schließlich haben wir darüber nachgedacht, wie wichtig es ist, dass wir prüfen, wie NLP-Techniken von Gruppierungen, wie Kulten, missbraucht werden können. Um Ihr Gedächtnis aufzufrischen, sind hier nochmals einige wichtige Punkte aus diesem Kapitel aufgeführt:

- NLP-Techniken können aufgrund ihrer verdeckten und manipulativen Natur gefährliche Grenzen überschreiten.
- Damit NLP die Grenzen der Ethik nicht verlässt, sollten die NLP-Techniken ohne die Absicht verwendet werden, anderen Menschen Schaden zuzufügen, sie zu kontrollieren oder auf andere Weise zu benachteiligen.
- NLP-Experten dürfen ihren Klienten ihre Werte, Wahrnehmungen und Überzeugungen nicht aufzwingen.
- Der NLP-Experte hat die Verantwortung, das ihm während einer Sitzung gewährte implizite Vertrauen nicht zu missbrauchen.
- Voraussetzungen, wie der Respekt vor dem Einzelnen, helfen dabei, die NLP-Praxis zu leiten. Dies sind einige weitere NLP-Vorannahmen (Goodman, 2018):

  o Es gibt keine resistenten Klienten, nur unflexible Kommunikatoren.

26

- Geist und Körper beeinflussen sich gegenseitig, weil sie miteinander verbunden sind.
- Wir kommunizieren immer.
- Wir haben bereits alle Ressourcen in uns, die wir benötigen oder können diese schaffen. Aus diesem Grund gibt es so etwas wie ressourcenarme Menschen nicht.
- Das System (die Person) mit der größten Flexibilität (Auswahlmöglichkeiten) in seiner Verhaltensweise hat den größten Einfluss auf das System.
- Wir Menschen funktionieren perfekt.
- Akzeptieren Sie die Person, ändern Sie das Verhalten.
- Es gibt keine Misserfolge, sondern nur Feedback.
- Eine Wahl ist besser als keine Wahl.
- Alle Prozesse sollten zu Integration und Ganzheitlichkeit führen.
- Wenn Sie verstehen wollen, handeln Sie.

- NLP wird unter anderem zur Selbstverbesserung sowie in den Bereichen Wirtschaft, Werbung und Politik eingesetzt.
- NLP kann von Manipulatoren und Kulten missbraucht werden, die die NLP-Techniken verwenden, um das Identitäts- und Entscheidungsgefühl einer Person zu übernehmen und so die Manipulation und Gedankenkontrolle zu vereinfachen.

Im nächsten Kapitel lernen Sie die Grundlagen der Kontrolle und Manipulation kennen.

KAPITEL 3

Kontrolle und Manipulation

Die Interpretation von Kontrolle und Manipulation

Die Fähigkeit zu haben, die Gedanken, Gefühle und Verhaltensweisen von Menschen geschickt zu lenken, zu kontrollieren oder auf andere Weise zu manipulieren, ist etwas Besonderes. Eine solche Manipulation kann Menschen - je nach Art, Tiefe und Richtung der verwendeten Kontroll- und Manipulationsmechanismen - erheblich und für lange Zeit beeinträchtigen. Kontrolle und Manipulation können das Leben eines Menschen entweder optimal oder nicht optimal steuern und beeinflussen. In diesem Fall kann die kontrollierende Person die subjektive Erfahrung und Realität der kontrollierten Person lenken und sogar bestimmen. Tatsächlich können die Auswirkungen des externen Verhaltens, der Worte und Handlungen der kontrollierenden Person aufgrund der Integration und Reaktionen der kontrollierten Person direkt auf diese wirken.

Kontrolle und Manipulation im Kontext von NLP können sich sehr ähnlich sein, wobei **Kontrolle** die Macht ist, das Verhalten von Menschen zu steuern, während **Manipulation** die Handlung ist, Dinge geschickt zu kontrollieren. Der Hauptunterschied zwischen Kontrolle und Manipulation besteht darin, dass die Fähigkeit, etwas zu steuern (Kontrolle), nicht gleichbedeutend ist mit dem Wissen, wie man dies geschickt macht (Manipulation). Zum Beispiel habe ich die Möglichkeit, meinen Computer (Steuerung) effizient zu programmieren, aber ich weiß möglicherweise noch nicht, wie ich dies (Manipulation) geschickt ausführen kann, da ich nicht über die entsprechende Erfahrung oder Ausbildung verfüge. Es scheint, als könne man die Kontrolle auf die nächste Stufe heben, wenn man dazu in der Lage ist, Dinge, wie beispielsweise einen Computer, geschickt zu manipulieren.

Kontrolle haben und kontrolliert werden

Ebenso scheinen *die Kontrolle zu haben* und *kontrolliert zu werden* zwei subjektive Realitäten zu sein. Die Kontrolle zu haben ist ein aktiver Zustand, kontrolliert zu werden jedoch ein passiver Zustand. Zum Beispiel kontrolliert oder leitet ein erfahrener Psychologe eine Therapiesitzung aktiv, während der Klient dem Psychologen erlaubt, diese Sitzung zu führen, da er über das Fachwissen verfügt. Darüber hinaus beinhaltet *Kontrolle zu haben* Entscheidungsfreiheit und Autonomie, während man diese eben nicht hat, wenn man *kontrolliert wird*. Wenn ich einfach nur zulasse, dass Dinge passieren, dann ist die Wahrscheinlichkeit höher, dass ich von anderen Menschen kontrolliert werde. Wenn ich jedoch Maßnahmen ergreife, kann ich besser steuern, wie ich auf diese Ereignisse reagiere. Der Unterschied liegt in der Reaktion auf die Reize, da das Individuum reagieren oder stattdessen handeln kann.

Vermeiden, kontrolliert zu werden

Um nicht von einem Manipulator kontrolliert zu werden, ist es wichtig, ein starkes Gefühl für seine eigene Identität bzw. sein eigenes Selbst zu haben. Dies liegt daran, dass Sie, wenn Sie sich Ihrer eigenen Identität bewusst sind, besser im Einklang mit Ihren Werten, Überzeugungen und Gefühlen leben. Ihr Bewusstsein ermöglicht es Ihnen somit, sich vor Menschen zu schützen, die versuchen, Ihnen ihre Überzeugungen mit verdeckten Manipulationstechniken aufzuzwingen. Die Wahrscheinlichkeit, dass Manipulatoren und andere kontrollierende Personen Ihre Identität ausnutzen und gefährden, ist geringer, wenn Sie sich selbst kennen und wissen, für welche Werte Sie stehen. Andernfalls ist es einfacher, jemanden auszunutzen, wenn diese Person sich ihrer Identität nicht vollständig bewusst ist.

Eine andere Möglichkeit, nicht kontrolliert zu werden, besteht darin, Vertrauen in sich selbst zu haben. Ein Mangel an Vertrauen kann dazu führen, sich selbst infrage zu stellen, sodass Sie anderen Personen mehr Glaubwürdigkeit schenken als diese verdienen (Golden, 2016). Die daraus resultierenden Selbstzweifel ermöglichen es den kontrollierenden Menschen, ihre Überzeugungen, Werte und Vorhaben viel einfacher auf Sie zu übertragen, da Sie diesen Personen mehr Macht verleihen. Dies kann dazu führen, dass Sie das Opfer eines Manipulators werden, da es Ihnen ein falsches Gefühl des Vertrauens vermittelt, wenn solche Menschen Ihr Selbstwertgefühl bestätigen. Zudem ist es auch besser, zunächst Vertrauen in sich selbst aufzubauen.

Ebenso ist es auch wichtig, zu vermeiden, übermäßig stark von anderen Menschen abhängig zu werden, damit Sie nicht von ihnen kontrolliert werden. Wenn Sie beispielsweise darauf angewiesen sind, dass Ihr Partner alle Ihre Bedürfnisse befriedigt, anstatt sich selbst regelmäßig um sich selbst zu kümmern, dann könnte es sein, dass Sie für die Versuche dieser Person anfälliger werden, Sie später zu kontrollieren. Mit anderen Worten, wenn Sie es versäumen, sich um sich selbst und um Ihre Bedürfnisse zu kümmern, dann laden Sie andere Menschen dazu ein, dies für Sie durch gut gemeinte, wenn auch kontrollierende Handlungen zu tun (Bundrant, 2011). Dies kann auch zu einer ungesunden Co-Abhängigkeit führen, die ständig gepflegt werden muss. Aus diesem Grund ist es wichtig, zu lernen, wie Sie sich auf sich selbst verlassen können, damit Sie diese Falle vermeiden können.

Zudem sind Sie leichter zu kontrollieren, wenn Sie nicht in der Gegenwart leben. Mit anderen Worten, wenn Sie Ihre Aufmerksamkeit stets auf vergangene Erfahrungen richten, werden diese Erfahrungen Sie emotional und mental kontrollieren, obwohl Sie sich physisch in der Gegenwart befinden. Das Leben in der Vergangenheit kann Ihre kritischen Fähigkeiten sowie Ihre Funktionsfähigkeit beeinträchtigen, da diese Energie nicht mehr für Reaktionen in der Gegenwart zur Verfügung steht. Sie werden müder sein, wenn Sie versuchen, zugleich in der Vergangenheit als auch in der Gegenwart zu leben und folglich sind Sie leichter zu manipulieren und zu kontrollieren.

Interne Kontrolle

Die Kontrolle zu haben ist eine ganz andere Erfahrung als kontrolliert zu werden, da Sie das Heft des Handelns in der Hand haben und Entscheidungen treffen können - im Gegensatz dazu, dass jemand anderer diese Entscheidungen für Sie trifft. Darüber hinaus können Sie durch die Kontrolle Situationen zu Ihren Gunsten lenken und verbessern. Wenn ich beispielsweise meine Reaktion auf Stress mit verbesserten Bewältigungstechniken kontrollieren kann, kann ich steuern, wie ich dieser Reaktion besser begegne. Dies ermöglicht es dem Einzelnen, Autorität über seine eigene Autonomie auszuüben und seine Entscheidungen selbst zu treffen. Interne Kontrolle ist normalerweise mit einem Ziel verbunden. Wenn dieses Ziel beispielsweise darin besteht, Gewicht zu verlieren, wird die Person ihre Entscheidungen sowie ihre Verhaltensweisen entsprechend anpassen. Wenn das Ziel geändert wird, wird die Verhaltensweise geändert, um dieses neue Ziel zu erreichen.

Externe Kontrolle

Kontrollanwendungen in Bezug auf Personen und Situationen legen nahe, dass Personen im Allgemeinen nicht so einfach zu kontrollieren sind, wenn sich ihre Ziele ändern. In diesem Fall werden sich diese Menschen nicht mehr auf die gleiche Weise verhalten oder handeln, um dieses Ziel zu erreichen. Laut Carey kann sich das, was die Leute wollen, ändern, sodass sich auch die Spielregeln ändern können (2015). Dadurch können Menschen und ihre Lebenssituationen nicht mehr so stark manipuliert und kontrolliert werden, da sie nicht mehr wie zuvor handeln oder sich so verhalten müssen. Wenn sich dadurch Verhaltensweisen, Gedanken und Gefühle ändern, ist die Kontrolle daher nicht mehr auf die Situation anwendbar.

Die Kontrolle und Manipulation von Menschen wird jedoch leichter, wenn sich die Hauptziele nicht ändern. Die mit diesen Zielen verbundene Verhaltensweise kann sich jedoch ändern. Es gibt beispielsweise mehr als eine Möglichkeit, um von Punkt A zu Punkt B zu gelangen. Ein Individuum kann seine Denkweise verändern und manipulieren und dennoch dasselbe Ziel erreichen, indem es den Kontext ändert, um das Ziel und seinen Geisteszustand besser zu verstehen. Das Hauptziel der Kontrolle und Manipulation ist daher die Veränderung selbst.

Die Kontrolle über Vergangenheit, Gegenwart und Zukunft übernehmen

Veränderungen, die sich aus geschickten Manipulationen ergeben, sind notwendig, um die Kontrolle über Vergangenheit, Gegenwart und Zukunft zu übernehmen, da wir sonst die Vergangenheit als Ausrede verwenden könnten, um schlechte Verhaltensweisen fortzusetzen. Andererseits kann das Denken in der Gegenwart letztendlich die Zukunft beeinflussen. Wenn ich zum Beispiel weiterhin zu viel esse, weil meine Gefühle verletzt wurden, dann ist es weniger wahrscheinlich, dass ich mich angesichts neuer emotionaler Herausforderungen in der Zukunft gesund ernähre. Dies kann sich auf meine Zukunft auswirken, da ich viel an Gewicht zunehmen kann und/oder meine Gesundheit und Lebensqualität beeinträchtigt wird, wenn ich bei emotionalen Problemen jedes Mal auf Lebensmittel zurückgreife. Aus diesem Grund hilft es nicht, schlechte Gewohnheiten der Vergangenheit zu wiederholen, da sie uns in dieser Vergangenheit verankern. Wenn wir diese früheren Verhaltensweisen ändern und in der Gegenwart funktionalere Bewältigungsmechanismen einsetzen können, werden sich unsere gegenwärtigen und zukünftigen Ergebnisse stärker zu unseren Gunsten verändern.

33

Menschen wiederholen nicht nur ihre früheren Verhaltensweisen, sondern reagieren auch eher auf vergangene Ereignisse.
Wenn Dinge aus meiner Vergangenheit Emotionen in mir auslösen, dann kann es sein, dass ich in der Gegenwart nicht so gut mit
diesen Gefühlen umgehen kann, weil mich meine Emotionen überwältigen und diese dann meine Fähigkeit, angemessen zu handeln,
beeinträchtigen. Zudem wird es mir schwerfallen, neue Fähigkeiten zu erlernen, wenn ein solcher emotionaler Trigger wieder auftritt. Es muss ein Gleichgewicht zwischen Handeln und Reaktion
bestehen, um effektiv mit Vergangenheit, Gegenwart und Zukunft
umgehen zu können. Ebenso kann die Kontrolle und Manipulation
den Handlungen und Reaktionen eines Individuums sowohl in der
Gegenwart als auch in der Zukunft zugutekommen.

Laut Firestone können ähnliche Dynamiken und Ereignisse
aus unserer Vergangenheit ebenfalls die Gegenwart und Zukunft
(2016) beeinflussen. Dies liegt daran, dass wir als Menschen dazu
neigen, das Vertraute gegenüber dem Unbekannten zu bevorzugen. Wenn eine Person beispielsweise in einer großen Familie mit
vielen Geschwistern aufgewachsen ist, kann diese Person diese Situation erneut herstellen, indem sie stets viele Menschen in ihrer
Nähe hat, anstatt dass sie lernt, wie man alleine lebt. Die Wieder-
herstellung der Familiendynamik oder des familiären Umfeldes
kann unerwünscht sein, da dies die Fortschritte einer Person behindern kann, den Schritt ins Erwachsenenleben zu wagen. Darüber hinaus ist die Manipulation der Gegenwart, um die
Vergangenheit widerzuspiegeln, nicht immer ein Indikator für zukünftige Ereignisse, denn obwohl die Menschen gerne glauben,
dass sie die Kontrolle haben, sieht die Realität oftmals ganz anders
aus. Ein typisches Beispiel: Kontrolle ist eine Illusion, während ge-
schickte Manipulation real ist, da letztere greifbare Ergebnisse und
Resultate liefert.

Das Wiederholen, Reagieren auf und Wiederherstellen von
vergangenen Ereignissen deutet auf einen Mangel an Kontrolle
und ein gewisses Maß an Manipulation hin, da wir als Kinder wenig Kontrolle über die Umgebung und die Dynamik hatten, in der

wir aufgewachsen sind. Und doch haben wir jetzt mehr Kontrolle darüber, wie wir unser Leben geschickt steuern können, da wir Differenzierung, Autonomie und Entscheidungsfreiheit besitzen. Sobald wir dies festgestellt haben, können wir beginnen, wichtige Ziele zu kontrollieren, zu steuern oder auf andere Weise zu manipulieren, um ethisch bessere Ergebnisse zu erzielen. Tatsächlich deutet das Erleben besserer Ergebnisse darauf hin, dass die Begriffe Kontrolle und Manipulation positivere Konnotationen haben können.

Folgen des Triggerns des Unterbewusstseins von fremden Personen

Sobald eine Person die Macht hat, ihre Situation stärker zu ihren Gunsten zu kontrollieren, zu führen und zu manipulieren, kann diese Person auch das Unterbewusstsein von Fremden triggern, indem sie NLP-Techniken verwendet, die an Kontrolle und Manipulation erinnern. Zum Beispiel kann eine psychologische Manipulation durch NLP-Techniken psychische Erkrankungen, wie Depressionen, im Unterbewusstsein hervorrufen. Einige andere Beispiele für das Triggern des Unterbewusstseins anderer Menschen umfassen die Verwendung der folgenden NLP-Techniken und -Tools (Beale, 2020):

- Affirmationen
- Verstärkung positiver Gefühle
- NLP-Überzeugungsveränderung
- NLP-Hypnose und Meditation
- Modellierung

Diese Liste ist nicht vollständig. Der NLP-Werkzeugkasten ermöglicht eine effektive Manipulation und Kontrolle des Klienten und konzentriert sich, im Vergleich zu herkömmlichen Therapieformen, stärker auf die Erzielung greifbarer Ergebnisse. Die Nutzung von Affirmationen hilft beispielsweise dabei, den Klienten besser auf dem richtigen Weg zu halten, wenn sein Fokus vom Hauptziel abweicht. **Affirmationen**, wie Überzeugungen und

35

Leitbilder, können den Klienten zudem an seine Motivation erinnern, das Heft des Handelns in die Hand zu nehmen. Darüber hinaus können richtig verwendete Affirmationen die Denkweise durch ständige Wiederholungen beeinflussen. Aus diesem Grund kann eine achtsame Manipulation von Gedanken und Gefühlen durch Affirmationsaussagen reale Ereignisse für die Empfänger kontrollieren, da diese ihm dabei helfen, negative Nachrichten zu ersetzen, denen er möglicherweise zuvor begegnet ist.

Das Verstärken positiver Gefühle des Klienten kann ebenfalls dazu beitragen, seine Wertschätzung für bestimmte Ereignisse zu stärken und es ihm ermöglichen, diese guten Gefühle in lebendigen Details nochmals zu erleben. Wenn ich zum Beispiel meine Augen schließe und mich an den Tag erinnere, an dem mein Sohn geboren wurde, kann ich mir die Bilder, Geräusche und positiven Gefühle des Augenblickes vorstellen, in dem er in meine Arme gelegt wurde. Nichts ist vergleichbar mit dem Gefühl, seinen Erstgeborenen in den Armen zu halten! Der einzige Nachteil ist, dass der Klient letztendlich zur Realität zurückkehren muss und möglicherweise nicht so gut auf die Rückkehr reagiert. Fremde können von der Verstärkung guter Gefühle profitieren, doch was ist, wenn diese Techniken missbraucht werden, um Personen böswillig zu kontrollieren?

Zudem ist die **Änderung von Überzeugungen** eine weitere hilfreiche NLP-Technik, um sich von bestimmten Verhaltensweisen zu befreien. Die Philosophie dahinter besagt, dass die Überzeugungen einer Person - auch starke - relativ und keine wissenschaftliche Wahrheit sind, sobald der Empfänger dies insofern erkennt, als dass diese Überzeugungen einen geringeren Einfluss auf sein Verhalten haben sollten. Die beängstigende Sache ist, dass das befreite Verhalten der Person für alle Beteiligten nachteilig wäre, wenn der NLP-Praktizierende bei dieser Person einen Glaubenswechsel praktiziert. In diesem Fall wird das Verhalten dieser Person unvorhersehbar, wenn die Überzeugungen und Werte sie nicht in gewissem Maße leiten. Wenn NLP-Experten durch NLP-Glaubensänderungen alle Menschen von ihren Überzeugungen befreien würden, dann würden viele Menschen nur das tun, was sie wollen, egal wie chaotisch dies enden würde. Dieses Szenario könnte angesichts des Mangels an Glaubenssystemen und damit des Mangels an Kontrolle insgesamt zu anarchieähnlichen Situationen führen.

Dennoch ist das Praktizieren von NLP-Hypnose- und -Meditationstechniken eine weitere Möglichkeit, die das Unterbewusstsein von Fremden triggern kann. Dies wird dadurch erreicht, indem eine unfreiwillige Kontrolle über die Fähigkeiten einer Person ausgeübt wird, während diese für äußere Einflüsse, wie die Stimme des NLP-Praktizierenden, höchst beeinflussbar gemacht wird. Beispielsweise kann sich der Klient während des Nacherlebens eines traumatischen Lebensereignisses möglicherweise mehr entspannen, wenn der NLP-Praktiker einen bestimmten Tonfall verwendet. NLP-Hypnose wird hauptsächlich dazu verwendet, um die Ergebnisse der NLP-Therapie zu verbessern. Wenn jedoch das Unterbewusstsein einer Person durch Hypnose getriggert wird, kann diese negativ auf weniger vorteilhafte Einflüsse reagieren, was ihre Identität beeinträchtigt, während sie hypnotisiert wird. Könnte jemand, der unter NLP-Hypnose steht, für Gesetzesverstöße verantwortlich gemacht werden? Wer hat wirklich die Kontrolle, während er hypnotisiert ist?

Zu guter Letzt ist die **NLP-Modellierungstechnik** in der NLP-Praxis von Nutzen, da durch Nachahmen und Kopieren erfolgreicher Methoden leichter erkennbar wird, was für den Einzelnen funktioniert (Beale, 2020). Wenn ich zum Beispiel die Arbeitsmoral meiner Mutter imitiere und verinnerliche, kann ich leichter herausfinden, welche Arbeitsmoral für mich in bestimmten Berufen und Lebensstilen funktioniert. Wenn sich der Klient mit der Erfolgsgeschichte eines anderen Menschen identifizieren kann, ist es wahrscheinlicher, dass dieser auch erfolgreich sein möchte. Der Preis für die Modellierung der erfolgreichen Techniken einer anderen Person besteht jedoch darin, dass der Empfänger möglicherweise einen Teil seiner Individualität verliert. Das

Letzte, was sich der NLP-Profi wünschen sollte, ist, dass der Empfänger seinen Sinn für Identität und Entscheidungsfreiheit verliert. Beispielsweise kann ein Empfänger seine Funktionsweise aufgrund seines getriggerten Unterbewusstseins verlieren, wenn er seine Identität verliert.

Die drei grundlegenden Aspekte der NLP-Gedankenkontrolle

Die oben genannten NLP-Techniken können das Unterbewusstsein von Menschen triggern, während sie gleichzeitig kontrolliert und manipuliert werden, um bessere Ergebnisse zu erzielen. Laut Lee können NLP-Techniken zur Gedankenkontrolle Ihre Physiologie, Ihre Denkweise sowie Ihre Gefühle beeinflussen (2020). Wenn Sie beispielsweise Selbstvertrauen ausstrahlen möchten, steuern Sie zunächst Ihre Körpersprache, um dieses Selbstvertrauen nach außen zu manifestieren. Dies wird dazu führen, dass Ihr Verstand diese Verhaltensweise irgendwann einmal in die Realität umsetzt. Wenn ich Zuneigung ausstrahlen möchte, umarme ich meinen Partner in der Hoffnung, dass wir beide diese Zuneigung in der Realität spüren können. Das Kontrollieren und Manipulieren Ihrer Physiologie kann den gewünschten Geisteszustand erzeugen oder hervorrufen. Doch wenn Sie einen negativen Geisteszustand an den Tag legen, führt dies normalerweise nicht zu den gewünschten Ergebnissen.

Die zweite NLP-Gedankenkontroll-Technik besteht darin, bestimmte **Schlüsselwörter** in einer Konversation sprachlich zu betonen (Lee, 2020). Auf diese Weise können Sie Ihr Gegenüber davon überzeugen, etwas zu tun, das Sie möchten. Wenn Sie beispielsweise das Schlüsselwort „Mache" in „Mache den Abwasch" betonen, wird der Empfänger Ihres Befehles diese Anweisung mit größerer Wahrscheinlichkeit befolgen. Das Hervorheben von Schlüsselwörtern ist ebenfalls ein wirksames Werkzeug in der Werbung. Zum Beispiel betont der Nike-Slogan „Just Do It" das

Schlüsselwort „do", um Sie zum Handeln zu bewegen. NLP-Gedankenkontroll-Techniken sind in der Gesellschaft weit verbreitet, da sie in fast allen Bereichen des Lebens vertreten sind, von der Werbung bis zur Politik.

Die dritte NLP-Gedankenkontroll-Technik ist die **Visualisierung** (Lee, 2020). Diese Technik der Visualisierung ist sehr leistungsstark, denn wenn Sie sich vorstellen, etwas zu erreichen, behalten Sie Ihr Ziel eher im Blick als wenn Sie dies nicht getan hätten. Wenn ich mir zum Beispiel vorstelle, dass ich meine Karriereziele erreiche, werde ich höchstwahrscheinlich in meinem Berufsfeld sehr erfolgreich werden. Die Visualisierungstechnik hilft Ihnen dabei, sich das Ziel klarer vorzustellen, insbesondere wenn visuelle Hinweise Ihre bevorzugte Kommunikationsform sind. Es ist jedoch wichtig, anzumerken, dass einige Gesellschaften, da sie visueller sind als andere, dazu neigen, den Erfolg anhand von Erscheinungsbildern zu beurteilen, die weder korrekt noch repräsentativ sind.

Es ist klar, dass Kontrolle und Manipulation viele Formen annehmen können, sodass wir nicht einmal erkennen, ob diese gut oder schlecht sind. Dies ist der Zeitpunkt, an dem Sie aktiv die Kontrolle über die Situation übernehmen und das Ergebnis zum Besseren manipulieren müssen. Andernfalls können wir in großem Umfang zu passiven Opfern der Gedankenkontrolle werden. Die wahre Kraft kommt jedoch daher, dass Individuen ihre Vergangenheit und Gegenwart kontrollieren und manipulieren, um sicherzustellen, dass Ihre Zukunft für alle Menschen besser ist.

„Diejenigen, die die Gegenwart kontrollieren, kontrollieren die Vergangenheit und diejenigen, die die Vergangenheit kontrollieren, kontrollieren die Zukunft."

George Orwell

Zusammenfassung des Kapitels

In diesem Kapitel haben Sie die Grundlagen der Kontrolle und Manipulation kennengelernt. Darüber hinaus haben Sie erfahren, worin der Unterschied besteht, Kontrolle zu haben und kontrolliert zu werden. Es ist wichtig, sich daran zu erinnern, die Kontrolle über Vergangenheit, Gegenwart und Zukunft zu übernehmen, um Erfolg im Leben zu haben. Kontrolle und Manipulation wären jedoch ohne effektive NLP-Techniken, die das Unterbewusstsein der Menschen triggern, nicht möglich. Schließlich kann das Unterbewusstsein der Menschen durch NLP-Gedankenkontrolle gesteuert und manipuliert werden. Um Ihr Gedächtnis aufzufrischen, sind hier nochmals einige wichtige Punkte aus diesem Kapitel aufgeführt:

- Der Hauptunterschied zwischen Kontrolle und Manipulation besteht darin, dass die Fähigkeit, etwas zu steuern (Kontrolle) nicht gleichbedeutend ist mit dem Wissen, wie man dies geschickt macht (Manipulation).
- Die Kontrolle zu haben, ist ein aktiver Zustand. Kontrolliert zu werden, ist jedoch ein passiver Zustand.
- Kontrolle zu haben deutet auf Entscheidungsfreiheit hin, kontrolliert zu werden jedoch nicht.
- Um nicht von einer manipulativen Person kontrolliert zu werden, kann der Betroffene Folgendes tun:
  - Einen starken Sinn für seine Identität haben.
  - Vertrauen in sich selbst haben.
  - Es vermeiden, übermäßig abhängig von anderen Menschen zu sein.
  - In der Gegenwart leben.

- Diese Dinge ermöglichen es Ihnen, Autorität über ihre eigene Autonomie auszuüben und ihre Entscheidungen selbst zu treffen.

- Die Spielregeln ändern sich, wenn die Person nicht mehr dasselbe Ziel will. Ihre Verhaltensweise wird sich verändern, um ein anderes Ziel zu erreichen, was die Wahrscheinlichkeit verringert, dass die Person kontrolliert werden kann.
- Um die Kontrolle über Vergangenheit, Gegenwart und Zukunft zu übernehmen, muss eine Person bereit sein, sich zu ändern, indem sie folgende Dinge nicht macht:

  - vergangene, nicht adaptive Verhaltensweisen wiederholen
  - mehr reagieren als handeln
  - vergangene Beziehungen und Dynamiken in der Gegenwart wiederherstellen

- Der erfahrene NLP-Anwender kann das Unterbewusstsein von Personen triggern, indem er NLP-Kontroll- und Manipulations-Techniken einsetzt. Zu diesen Techniken gehören (Beale, 2020):

  - Affirmation
  - Verstärkung positiver Gefühle
  - NLP-Überzeugungsveränderung
  - NLP-Hypnose und Meditation
  - Modellierung

- Einige NLP-Gedankenkontroll-Techniken umfassen:

  - Ihre Physiologie verändern, um Ihre Denkweise zu beeinflussen
  - Schlüsselwörter in einer Konversation hervorheben
  - Visualisierung

Im nächsten Kapitel lernen Sie, wie Sie Menschen lesen und steuern.

KAPITEL 4

Andere Menschen lesen und kontrollieren

NLP-Gedankenlesen

Beim Lesen der Gedanken einer Person geht es um mehr als um einen Besuch bei einem Medium. Es handelt sich hierbei um eine Wissenschaft, die Methoden beinhaltet, mit denen NLP-Anwender verstehen können, *wie* eine Person denkt und nicht unbedingt, *was* sie denkt. Zum Beispiel kann ein NLP-Anwender die Körpersprache einer Person lesen, um etwas über ihren Geisteszustand herauszufinden. Das Lesen von Menschen durch Körperhaltungen und Bewegungen kann in persönlichen, freundschaftlichen und geschäftlichen Beziehungen hilfreich sein, um nicht nur besser zu kommunizieren, sondern auch, um die nächsten Schritte in dieser Beziehung abzuschätzen. Wenn ich zum Beispiel aus irgendeinem Grund frustriert bin, kann mein Partner meine Frustration daran sehen, dass ich meine Stirn runzle. Infolgedessen besteht der nächste Schritt meines Partners normalerweise darin, mich zu fragen, was los ist. Diese Interaktion würde dann wiederum die Beziehung vorantreiben. Die Tatsachen sind, dass mein Partner und ich uns gegenseitig jederzeit lesen können, was zu einer gesunden, unabhängigen und lebendigen Beziehung führt. Es ist offensichtlich, dass das Lesen von Menschen zu positiven Ergebnissen führen kann!

NLP-Gedankenlesen durch Körpersprache und Deutung der Augenbewegungen

Das Lesen von Gedanken über die **Körpersprache** und **Deutung der Augenbewegungen** ist sowohl für den NLP-Anwender als auch für den Klienten während der Sitzungen hilfreich, da beide voneinander profitieren können. Zum Beispiel kann der

NLP-Anwender die Körpersprache des Klienten dazu nutzen, um die beste Vorgehensweise einfacher zu bestimmen, als wenn er lediglich andere traditionelle Methoden anwenden würde. Darüber hinaus wird der Klient ebenfalls davon profitieren, da er gesündere Bewältigungsmethoden erlernen wird, indem er dem Beispiel des NLP-Anwenders folgt. Tatsächlich könnte es sogar so aussehen, als ob der NLP-Experte dem Beispiel des *Klienten* in Bezug auf dessen subjektiven Geisteszustand, der Körpersprache und den Augenbewegungen folgt. Das Gedankenlesen des NLP-Experten und des Klienten tragen dazu bei, die Realität des Klienten besser zu verstehen.

Darüber hinaus ist das NLP-Gedankenlesen eine Kombination aus der Intuition des NLP-Experten sowie der Wissenschaft, die hinter dem Lesen und Interpretieren von Körpersprache und Augenbewegungen steht. Die Fähigkeit, etwas sofort zu verstehen, kann zu verbesserten Empfehlungen und Anleitungen während der NLP-Therapie führen, da der NLP-Experte dazu in der Lage ist, schnell und angemessen auf die Körpersprache des Klienten und seine Augenbewegungen zu reagieren. Wenn der NLP-Profi den Geisteszustand des Klienten durch NLP-Gedankenlesen genau interpretieren kann, besteht für alle beteiligten Parteien eine höhere Erfolgschance.

Körpersprache im Bereich von NLP verstehen

Das NLP-Gedankenlesen über die Körpersprache und das Deuten der Augenbewegungen erfolgt zusätzlich zu anderen NLP-Techniken in verschiedenen Bereichen. Zum Beispiel können Polizisten die Fähigkeit einsetzen, die Körpersprache zu lesen, um festzustellen, ob ein Verbrecher lügt oder ob es während eines Verhöres Fortschritte gibt. Darüber hinaus kann uns die Körpersprache eines Menschen eine beeindruckende Menge an Informationen in Bezug auf seine aktuellen Gedanken und Gefühle geben. Der Großteil dieser Informationen wird hierbei nonverbal ausgedrückt. Laut Bradberry werden während einer Interaktion 55 % der Kommunikation über die Körpersprache vermittelt, während

38 % über die Stimme vermittelt werden und nur 7 % durch die Worte, die wir sagen (2017). Es ist offensichtlich, dass 55 % der Informationen ziemlich viel sind und uns Einblicke in die Natur der Menschen geben können. Das ist für viele Personen in einflussreichen Positionen hilfreich. Dies sind einige Bereiche der Körpersprache, die leicht zu verstehen sind (Bradberry, 2017):

- verschränkte Arme und Beine
- ein Lächeln, bei dem die Augen ebenfalls beteiligt sind
- Kopieren der Körpersprache anderer Leute
- Körperhaltung
- Augen
- hochgezogene Augenbrauen
- zusammengebissener Kiefer

Eine Körpersprache, wie beispielsweise verschränkte Arme und Beine, deutet darauf hin, dass sich Ihr Gegenüber aktiv Ihren Gedankengängen und Standpunkten widersetzt und sich gleichzeitig weigert, für diese empfänglich zu sein. Es ist wichtig, zu beachten, dass eine Person, selbst wenn ihr Gesichtsausdruck durch ein breites Lächeln Freude suggeriert, dennoch tatsächlich nicht mit den Gedanken einer anderen Person einverstanden sein kann und sich in einer Situation befindet, in der sie physisch, emotional und mental abgeschottet ist. Gekreuzte Arme und Beine können auch das Bedürfnis nach Schutz vor den geäußerten Ideen und oder Gefühlen des Gegenübers signalisieren.

Eine Form der Körpersprache, die durch die NLP-Praxis leicht gelesen werden kann, ist das Lächeln einer Person. Wenn eine Person in einer Situation wirklich lächelt, sehen Sie, wie ihre Augen mitlachen. Tatsächlich wird eine Person kein ehrliches Lächeln haben, wenn ihr Lächeln „ihre Augen nicht erreicht". Das Lächeln einer Person führt häufig zu Zustimmung, Vergnügen oder Belustigung, außer in dem Fall, in dem eine Person versucht, emotionalen oder mentalen Schmerz zu verbergen. In diesen Fällen können Sie ein Lächeln sehen, ohne dass die Augen daran beteiligt sind. Wenn Sie nicht beobachten können, dass auch die Augen involviert sind, dann *lächelt* diese Person nicht wirklich.

Wenn jemand Ihre Körpersprache kopiert, deutet dies darauf hin, dass eine Person eine Verbindung zu Ihnen spüren kann. Aus diesem Grund legt sie einen Spiegeleffekt an den Tag. Wenn mich ein Freund zum Beispiel auf eine bestimmte Weise anlächelt, kann ich auf die gleiche Weise zurücklächeln. Dies deutet darauf hin, dass unsere Beziehung zueinander gut ist und dass ich gerne Zeit mit meinem Freund verbringe. Darüber hinaus kann das Kopieren der Körpersprache die andere Person dazu verleiten, sich Ihnen zu öffnen, und zwar abhängig von der Körpersprache, die Sie gerade verwenden. Ein Verständnis dieses Konzeptes kann in der NLP-Praxis hilfreich sein.

Die Körperhaltung einer Person kann uns zahlreiche Dinge über sie verraten, zum Beispiel, ob sich die Person sicher oder müde fühlt. Eine Person, die ihre Brust nach vorne reckt, möchte vermitteln, dass sie Macht besitzt bzw. dass sie denkt, dass sie Macht besitzt, während eine Person, die ihre Schultern herunterhängen lässt, so aussieht, als würde sie sich nicht machtvoll fühlen. Eine gute Körperhaltung ist wichtig, da diese Respekt vor anderen Menschen vermitteln kann. Als ich zum Beispiel in der Grundausbildung der Armee war, musste ich die Körperhaltung der Ausbilder kopieren bzw. spiegeln, um Respekt für sie, mich selbst und die Uniform zu zeigen.

Eine andere Form der Körpersprache, die leicht zu verstehen ist, ist die Bewegung der Augen einer Person. Wenn eine Person absichtlich über einen längeren Zeitraum Augenkontakt mit Ihnen hält, dann kann es sein, dass diese Person Sie täuscht oder direkt anlügt. Wenn dies der Fall ist, bewegen sich die Augen der Person möglicherweise nicht bzw. sie blinzelt nicht, was darauf hindeutet, dass etwas nicht stimmt. Achten Sie immer auf die Augen Ihres Gegenübers. Beachten Sie, dass die durchschnittliche Dauer für das Halten des Augenkontakts etwa sieben bis zehn Sekunden beträgt (Bradberry, 2017). Wenn also jemand über einen längeren

Zeitraum Augenkontakt mit Ihnen hält und Sie sich dabei unwohl fühlen, dann kann es sein, dass diese Person Sie anlügt oder einschüchtern will. Diese Tatsache kann für die NLP-Praxis sehr nützlich sein, da der NLP-Experte auf diese Weise herausfinden kann, ob der Klient ihn anlügt. Augenbewegungen bzw. keinerlei Bewegungen mit den Augen können unter anderem verschiedene subjektive Geisteszustände vermitteln.

Hochgezogene Augenbrauen sind ebenfalls eine Form der Körpersprache, auf die man achten sollte, da diese Emotionen, wie Angst, Sorge oder Überraschung, vermitteln können. Wenn meine Freunde zum Beispiel eine Überraschungsgeburtstagsfeier für mich organisiert haben, dann ist meine überraschte Reaktion beim Betreten des Raumes offensichtlich, wenn ich meine Augenbrauen hochziehe. Hochgezogene Augenbrauen können jedoch auch etwas anderes suggerieren, insbesondere wenn das Diskussionsthema weder Überraschung, Sorge noch Angst bei der reagierenden Person hervorruft. Kurz gesagt, seien Sie lieber vorsichtig mit hochgezogenen Augenbrauen.

Und zu guter Letzt kann ein zusammengebissener Kiefer während einer Interaktion Ihrem Gegenüber Spannung, Stress und Unbehagen vermitteln. Zum Beispiel beiße ich immer meinen Kiefer zusammen, wenn man mir Blut abnehmen muss, weil mich der Gedanke an eine Nadel, die in meinen Arm gestochen wird, nervös macht. Die Person, die mir Blut abnimmt, muss mich normalerweise ablenken, indem sie während der Blutabnahme mit mir spricht, damit ich mich etwas mehr entspannen und meinen Kiefer lösen kann. Die Körpersprache vermittelt viele Informationen über einen Menschen, was die Arbeit des NLP-Experten erleichtert.

Das Deuten der Augenbewegungen im NLP

Ein NLP-Experte liest während einer Sitzung die Augenbewegungen, um sich seine Arbeit ein wenig zu erleichtern. Augenbewegungen können, ähnlich wie die Körpersprache, auf die Gedanken des Klienten hinweisen bzw. den NLP-Experten zumindest in die richtige Richtung führen. Darüber hinaus hilft das Deuten der Augenbewegungen dem NLP-Experten, zu bestimmen, auf welches Repräsentationssystem der Klient zugreift. Zur Erklärung: Ein **Repräsentationssystem** umfasst sensorische Modalitäten, wie visuelle, auditive oder kinästhetische Aspekte, die durch Methoden und Modelle dargestellt werden und sich darauf beziehen, wie der Geist Informationen speichert und verarbeitet. Wenn eine Person ihren Verstand zum Denken benutzt, kann der NLP-Experte bestimmen, welches Repräsentationssystem sie verwendet, um ihre bevorzugte Denkmodalität zu kommunizieren - der NLP-Experte wird dies dann anhand von Augenbewegungen bemerken. Diese Methode zeigt jedoch nicht genau an, *was* das Individuum denkt, sondern nur, *wie* es denkt. Kurz gesagt, der NLP-Experte kann den bevorzugten Denkstil einer Person anhand ihrer Augenbewegungen nachverfolgen, was für NLP-Prozesse hilfreich ist.

Wie bereits erwähnt, unterstützt das Deuten der Augenbewegungen den NLP-Praktiker, indem er daraus liest, ob der Klient Informationen mit Visualisierungen (wie Bildern), Tönen und Gefühlen verarbeitet. Bilder sind im Allgemeinen all das, was wir in der Realität sehen können. Geräusche können das Tröpfeln von fließendem Wasser beinhalten und Gefühle können glückliche oder verärgerte Emotionen umfassen. Unterschiedliche Denkweisen lösen spürbare Veränderungen im Körper aus und der Körper nimmt zudem Einfluss darauf, wie ein Individuum denkt. Ein Beispiel: Die Art und Weise, wie eine Person denkt, bestimmt ihre Augenbewegungen, welche verschiedene Teile des Gehirnes stimulieren können. In Bezug auf NLP-Bewegungen sind Blicke, die nach oben gerichtet sind, mit visuellem Denken verbunden, während das Beibehalten der Augenhöhe auf auditorisches Denken hindeutet. Blicke, die nach unten zeigen, sind mit kinästhetischem Denken verbunden. Ein Blick nach rechts oder links während dieser NLP-Augenbewegungen kann bestimmen, ob die Person Bilder, Geräusche oder Gefühle konstruiert oder abruft. Augen, die sich nach links bewegen, zeigen die Konstruktion sensorischer Modalitäten an, während Augen, die nach rechts schauen, einen Abruf sensorischer Modalitäten anzeigen. NLP-Augenbewegungen können dem NLP-Experten dabei helfen, mehr über die Person und ihren bevorzugten Denkstil zu verstehen.

NLP-Zugangshinweise: Visuell, akustisch und kinästhetisch

Jedes Repräsentationssystem verfügt, neben Augenbewegungen und -positionen, über zahlreiche Zugangshinweise. Einige andere Zugangshinweise umfassen die Position des Kopfes sowie Gesten, Atmung, Tonfall, Sprechgeschwindigkeit und Stimmlage des Individuums. Zu den Zugangshinweisen für ein visuelles Repräsentationssystem gehören beispielsweise folgende Aspekte: Erhobener Kopf, Gesten oberhalb der Schultern, Einatmen durch die Lunge sowie eine hohe Stimmlage mit einem schnellen Sprachtempo. Zugangshinweise für ein auditorisches Repräsentationssystem umfassen: Ein zur Seite geneigter Kopf, Gesten auf Höhe der Ohren, Einatmen durch das Zwerchfell sowie ein abwechslungsreiches Sprachtempo und verschiedene Stimmlagen. Zugangshinweise für ein kinästhetisches Repräsentationssystem umfassen folgende Aspekte: Kopf nach unten geneigt, Gesten im Bereich der Körpermitte, Bauchatmung und ein langsameres Sprachtempo mit einer tieferen Stimme. Angesichts dieser Details hinsichtlich der Zugangshinweise und Repräsentationssysteme, können Personen ihre eigenen bevorzugten Repräsentationssysteme sowie bevorzugte Systeme bei anderen Menschen bestimmen.

Verhaltensindikatoren bevorzugter Repräsentationssysteme

Darüber hinaus gibt es Verhaltensindikatoren, die bestimmen können, ob das bevorzugte Repräsentationssystem einer Person visueller, auditiver oder kinästhetischer Natur ist. Zum Beispiel gibt es Hinweise darauf, dass ich das visuelle Repräsentationssystem bevorzuge, weil ich eher organisiert, ruhig und extrem detail-fokussiert bin und weil ich korrekt spreche. Einige andere Verhaltensindikatoren für visuelle Personen sind:

- sauber und ordentlich
- aufmerksam
- orientiert am Erscheinungsbild
- bedachte Handlungen
- Solche Menschen können sich Dinge besser mithilfe von Bildern merken.

Verhaltensindikatoren können auch bestimmen, ob eine Person das auditive Repräsentationssystem bevorzugt. Wenn die Person beispielsweise gerne mit sich selbst spricht, beim Lesen die Wörter laut ausspricht, in rhythmischen Mustern spricht und Musik mag, dann ist sie wahrscheinlich eine auditive Person. Einige andere Verhaltensindikatoren für auditive Personen sind:

- Sie lernen durch Zuhören.
- Sie sind gesprächig.
- Sie benutzen einen phonetischen Ansatz bei der Rechtschreibung.
- Sie lesen gerne laut vor.
- Sie sprechen besser als sie schreiben.

Verhaltensindikatoren für ein kinästhetisches Individuum umfassen, dass die Person im Allgemeinen körperlich orientiert ist, „Learning by doing" bevorzugt, viel gestikuliert und auch körperlich auf Situationen reagiert. Andere Verhaltensindikatoren für kinästhetische Menschen sind:

- Sie berühren Menschen gerne und sind gern in deren Nähe.
- Sie bewegen sich viel.
- Sie legen eine stärkere körperliche Reaktion an den Tag.
- starke Muskelentwicklung im Kindesalter
- Sie lernen durch Manipulation.

Jedes Repräsentationssystem kann dem NLP-Experten nicht nur dabei helfen festzustellen, wie eine Person denkt, sondern auch, wie sie lernt, sich unterhält, buchstabiert, liest, schreibt und sich Dinge vorstellt. Wenn der NLP-Experte genau weiß, wie der Klient denkt, kann er diesen - und die erlebte subjektive Realität - besser beeinflussen, überzeugen oder manipulieren, um ein besseres Ergebnis zu erzielen. Andernfalls wäre es viel schwieriger, dem Klienten bei seinen persönlichen und beruflichen Zielen zu helfen.

Kontrolle von Menschen durch ihr bevorzugtes Repräsentationssystem

Die Kontrolle der Menschen durch ihr bevorzugtes Repräsentationssystem wird durch die Anwendung und die Praxis von NLP-Techniken und -Werkzeugen erreicht, die den Geisteszustand des Klienten verbessern und seine subjektive Realität für praktischere Zwecke und Funktionen ändern können. Insbesondere kann der NLP-Experte das Verhalten, die Bewegungen und die Sprache des Klienten anpassen oder spiegeln, während die gespiegelten Aktionen auf dem bevorzugten Repräsentationssystem des Klienten basieren. Diese Übereinstimmung des bevorzugten Repräsentationssystems des Klienten und die daraus resultierende Manifestation ermöglicht es dem NLP-Experten, dem Klienten besser zu helfen, zu leiten oder zu kontrollieren. Dies liegt daran, dass der NLP-Experte, wenn er sich an seinen Klienten und dessen bevorzugtes Repräsentationssystem anpasst, dieses verbessern oder ändern kann, mit dem Ziel, bessere Ergebnisse und Erfolge zu erzielen.

Zusammenfassung des Kapitels

In diesem Kapitel haben Sie gelernt, wie man Menschen liest und kontrolliert. Sie haben gelernt, dass das Lesen von NLP-Gedanken über die Körpersprache und das Deuten der Augenbewegungen für die Anwendung von NLP-Techniken nützlich ist. Es ist wichtig, die verschiedenen Repräsentationssysteme im Blick zu behalten, da sie sowohl dem Klienten als auch dem NLP-Experten dabei helfen, miteinander zu kommunizieren und sich gegenseitig zu verstehen. Um Ihr Gedächtnis aufzufrischen, sind hier nochmals einige wichtige Punkte aus diesem Kapitel aufgeführt:

- Das Lesen der Gedanken einer Person ermöglicht es dem NLP-Experten, zu verstehen, wie diese Person denkt und fühlt.
- Durch das Lesen von Menschen können wir effizienter kommunizieren.
- NLP-Gedankenlesen über Körpersprache und Augenbewegungen ist nützlich, da dies die Vorgehensweise in der Therapie bestimmt.
- Die Körpersprache eines Menschen gibt uns eine beeindruckende Menge an Informationen darüber, was dieser denkt und fühlt.
- Die Körpersprache kann Folgendes umfassen (Bradberry, 2017):

  - verschränkte Arme und Beine
  - Ein Lächeln, bei dem die Augen beteiligt sind
  - Kopie Ihrer Körpersprache
  - Körperhaltung
  - Augen
  - hochgezogene Augenbrauen
  - übertriebenes Nicken
  - zusammengebissener Kiefer

- Augenbewegungen können darauf hinweisen, auf welches Repräsentationssystem der Klient zugreift.
- Es gibt visuelle, auditive und kinästhetische Repräsentationssysteme.
- Zu den Verhaltensindikatoren bevorzugter Repräsentationssysteme gehören:

  - Visuelle Verhaltensindikatoren: Sauber und ordentlich, aufmerksam, orientiert am Erscheinungsbild, bedachte Handlungen, solche Personen können sich Dinge mithilfe von Bildern am besten merken.

- ○ Auditorische Verhaltensindikatoren: Solche Personen lernen durch Zuhören, sind sehr gesprächig, benutzen einen phonetischen Ansatz bei der Rechtschreibung, lesen gerne laut vor, sprechen besser als sie schreiben.

- ○ Kinästhetische Verhaltensindikatoren: Solche Personen berühren gerne andere Menschen und sind gern in deren Nähe, sie bewegen sich viel, sie legen eine stärkere körperliche Reaktion an den Tag, starke Muskelentwicklung im Kindesalter, sie lernen durch Manipulation.

- • Die Kontrolle von Personen mithilfe eines bevorzugten Repräsentationssystems kann durch die Anwendung von NLP-Techniken und -Werkzeugen erreicht werden.

Im nächsten Kapitel lernen Sie, wie Sie mithilfe der Körpersprache in die Köpfe der Menschen gelangen.

KAPITEL 5:

Durch Körpersprache in die Köpfe anderer Menschen gelangen

Gründe für das Erlernen und Beherrschen des Lesens und Anwendens der Körpersprache

Da die Körpersprache ein genauerer Indikator für den Geisteszustand eines Menschen ist, weil Gedanken und Gefühle durch die Körpersprache kommuniziert und auf natürliche Weise ausgedrückt werden, ist das Lernen und Beherrschen der Körpersprache eine wertvolle Fähigkeit, um die Absichten und Motivationen anderer Menschen zu erkennen. Mit anderen Worten: Sie werden die Absichten und Motivationen der Menschen klarer sehen, wenn Sie die Gründe für ihre Körpersprache verstehen. Ganz egal, ob es darum geht, einen Eindruck bei Ihren Mitarbeitern zu hinterlassen oder das Bedürfnis nach Zuneigung zu kommunizieren: Das Erlernen und Beherrschen der Körpersprache hilft Ihnen dabei, das zu erreichen, was Sie vom Leben erwarten, wenn Sie die Manifestationen und Ausdrucksformen beherrschen.

Wir Menschen verwenden unsere Körpersprache auch, um anderen Menschen unsere Meinungen und Urteile mitzuteilen. Daher könnte das Erlernen und Beherrschen der Körpersprache ebenfalls nützlich sein. Einige Berufsfelder, wie die Bereiche Psychologie, Recht und sogar Bildung, erfordern möglicherweise das Erlernen und Beherrschen der Körpersprache zur Beurteilung bzw. Bewertung. Der Eindruck, den ein Individuum durch seine Körpersprache hinterlässt, kann je nach Kontext Konsequenzen haben. Beispielsweise kann eine psychologische Beurteilung das verschriebene Arzneimittel eines Patienten beeinflussen. Laut

Radwan werden 93 % der Eindrücke, die wir von anderen Menschen haben, durch die Körpersprache generiert, während wir nur zu 7 % darauf hören, was sie zu uns sagen (2017). Denken Sie jedoch daran, dass die Art und Weise, wie Sie mit Worten kommunizieren, immer genauso wertvoll ist wie die Körpersprache.

Vorteile durch Körpersprache gewinnen

Die Anwendung der Körpersprache kann in vielerlei Hinsicht von Vorteil sein. Einer dieser Vorteile besteht in der Anziehungskraft. Eine Person kann einen potenziellen Partner durch die Verwendung ihrer Körpersprache gewinnen. Wenn dies richtig und mit dem richtigen Ausmaß an Kommunikation gemacht wird, kann schließlich Liebe und Zuneigung die Folge sein. Einige Menschen nutzen die Körpersprache, um andere auf eine falsche Fährte zu locken und sie dazu zu bringen, zu denken, dass diese Menschen sie mögen, obwohl dies nicht stimmt. Eine solche Verhaltensweise kann für eine Person von Vorteil sein, da sie ihre wahren Gefühle, Absichten und Motive je nach Bedarf besser vor anderen Menschen geheim halten und ihre persönlichen Grenzen besser einhalten kann.

Ein weiterer Vorteil der Nutzung der Körpersprache besteht darin, dass Sie dadurch bestimmte Geisteszustände induzieren können. Dies wird als **umgekehrter Effekt** bezeichnet, da bestimmte Geisteszustände auftreten können, wenn man seinen Körper bewegt oder bestimmte Körperposen einnimmt. Wenn Sie beispielsweise mit geradem Rücken dastehen und Ihren Kopf ein wenig anheben, kann es sein, dass Sie selbstbewusster werden, da Sie nun stärker an Ihre eigenen Fähigkeiten glauben. Ein weiteres Beispiel für den umgekehrten Effekt ist das Lächeln einer Person. Wenn Ihr Gegenüber Sie anlächelt, wird Ihr Gehirn dazu verleitet, Glück zu verspüren, da eine chemische Reaktion ausgelöst wird, die Ihre Stimmung verbessert, Stress lindert, den Blutdruck senkt und sogar Ihre Lebensdauer verlängert (Spector, 2018). Wie wir anhand dieser Beispiele gesehen haben, kann es vorteilhaft sein, unsere Körpersprache zu verwenden, da dies sowohl Ihren subjektiven Geisteszustand als auch Ihr Wohlbefinden verbessern kann.

Nützliche Körpersprache-Techniken, um die Kontrolle zu übernehmen und deren Interpretation

Es gibt verschiedene Arten von Körpersprache, die wir je nach Kontext und Anlass interpretieren und kontrollieren können, um unsere individuelle Situation zu optimieren. Wenn der Anlass beispielsweise darin besteht, mehr Umsatz zu erzielen, sollte die Körpersprache des Verkäufers Selbstvertrauen widerspiegeln, wenn er den Kunden dazu bringt, dem Kauf zuzustimmen. Wenn die Körpersprache des Verkäufers dieses Selbstvertrauen nicht widerspiegelt, kann er einen entsprechenden Kurs besuchen oder sich an einen Körpersprache-Experten wenden, um zu lernen, wie er im Job selbstbewusster und entspannter wirken und sich selbstsicherer fühlen kann.

Die Interpretation der Körpersprache ist jedoch keine exakte Wissenschaft, auch weil verschiedene Kulturen der Körpersprache möglicherweise unterschiedliche Bedeutungen zuweisen. Laut Zhi-Peng können Gesten schwierig zu interpretieren sein, da geringfügige Abweichungen einer Geste zahlreiche völlig unterschiedliche Bedeutungen vermitteln können (2014). Zum Beispiel drückt das OK-Zeichen in der amerikanischen Kultur (Daumen und Zeigefinger sind zusammengedrückt, die restlichen drei Finger sind ausgestreckt) Zustimmung aus, während in Frankreich dieselbe Geste darauf hindeutet, dass die andere Person „wertlos" oder eben eine „Null" ist (die Null wird durch den Kreis zwischen Daumen und Zeigefinger angedeutet). Ein weiteres Beispiel für Körpersprache-Aspekte mit verschiedenen Bedeutungen ist der Augenkontakt. In den USA und Kanada symbolisiert direkter Augenkontakt Aufrichtigkeit oder Interesse, während er in Japan als respektlos angesehen wird (Zhi-Peng, 2014). Dieselbe Körpersprache kann jedoch auch gemeinsame Bedeutungen hinsichtlich der

Körperbewegungen, Gesten, Gesichtsausdrücke und Augenbewegungen vermitteln.

Jemand ist beleidigt, unruhig, schüchtern oder defensiv

Der Geisteszustand einer Person kann auch offenbart werden, wenn diese beleidigt, unruhig, schüchtern oder defensiv ist. Eine Person, die eine dieser Emotionen verspürt, verschränkt in manchen Situationen typischerweise ihre Arme und möglicherweise auch ihre Beine. Wenn Sie bemerken, dass sich eine andere Person unwohl fühlt, weil sie sich in einer ungewohnten Umgebung befindet, beispielsweise innerhalb einer großen Menschenmenge, dann kann es sein, dass diese Person ihre Arme verschränkt, um sich vor dieser ungewohnten Situation zu schützen. Aus diesem Grund wird diese Haltung als **defensive Körpersprache** bezeichnet, die anderen Menschen Unbehagen signalisiert. Es ist fast so, als ob eine Person glaubt, dass sie durch Verschränken oder Kreuzen ihrer Arme und/oder Beine sicherer oder besser vor Umwelteinflüssen geschützt ist.

Darüber hinaus wird eine defensive Körpersprache normalerweise von bestimmten Gesichtsausdrücken und anderen spezifischen Bewegungen des Körpers begleitet. Einige dieser Gesichtsausdrücke und Bewegungen des Körpers umfassen Rückzugsbewegungen, welche Mikroaggressionen des Zornes darstellen sowie zusammengepresste Kiefer und gespitzte Lippen. Wenn sich eine Person beispielsweise in einer für sie unangenehmen Situation befindet oder ihr Gegenüber nicht mag, dann kann es sein, dass sich diese Person zurückzieht. Andererseits treten Mikroausdrücke der Wut auch dann häufig auf, wenn eine Person defensiv reagiert. Dies ist teilweise daran zu sehen, dass diese Person ihre Augenbrauen senkt und ihre Nase bzw. ihre Oberlippe nach oben zieht, was Ekel darstellt. Wie bereits erwähnt, können Sie feststellen, ob eine Person beleidigt ist, wenn sie ihren Kiefer fest zusammenpresst. Bei dieser defensiven Bewegung des Körpers wird der

Kiefer dieser Person nach vorne gedrückt werden und sie beißt möglicherweise ihre Zähne fest zusammen, auch wenn Sie dies wahrscheinlich nicht sehen können. Vorgestülpte Lippen sind ein weiterer Indikator dafür, dass sich eine Person unwohl und angespannt fühlt. Dies geschieht normalerweise deswegen, damit die Person nicht ausdrücken kann, was sie fühlt und denkt.

Eine solche Situation kann jedoch korrigiert oder kontrolliert werden, wenn die andere Person die Verantwortung für die unangenehme Situation übernimmt. Sie können diese Situation entschärfen, indem Sie Ihr Gegenüber fragen, wie es sich fühlt. Diese Frage kann von der Zusatzfrage begleitet werden, ob sich Ihr Gegenüber beleidigt fühlt und wie die Situation behoben werden kann. Eine solche Herangehensweise ist im Bereich von NLP nützlich, da es für den NLP-Experten einfacher ist, eine solche Situation zu verbessern, wenn er den Geisteszustand der anderen Person spüren kann. Sobald dies geschehen ist und sich beide Parteien wohlfühlen, können sie die NLP-Sitzung fortsetzen.

Jemand denkt nach oder bewertet Dinge

Wenn eine Person ihr Kinn auf ihrer Hand abstützt, als müsste diese das Gewicht ihrer Gedanken und Ideen tragen, so möchte diese Person damit ausdrücken, dass sie eine Situation bewertet bzw. darüber nachdenkt. Ich mache beispielsweise diese Geste oft, wenn ich schreibe. Wenn eine Person diese Art der Körpersprache zur Kommunikation verwendet, signalisiert sie damit, dass sie sich Ihre Ideen und Gedanken anhört und diese nicht nur bewertet, sondern auch darüber nachdenkt, ob sie überzeugend genug sind. Sie werden erfahren, ob es Ihnen gelungen ist, zu dieser Person durchzudringen, wenn diese mit dem Kopf nickt, während sie gleichzeitig ihr Kinn mit der Hand abstützt.

Die Körpersprache einer Person, die denkt bzw. Dinge bewertet, kann auch symbolisieren, ob ihre Bewertung positiv oder negativ ist, und zwar dadurch, indem sie lächelt oder klatscht. Es gibt jedoch noch weitere, weniger offensichtliche positive Hinweise, die Ihr Gegenüber verwenden kann, zum Beispiel, wenn die Person ihre Augen reibt oder an ihrer Brille herumspielt. Wenn sie sich ihre Augen reibt, dann ist es fast so, als wolle sie die Dinge klarer sehen (Parvez, 2015). Ich bin mir sicher, dass ich sehr oft mit meiner Brille herumspiele, wenn ich Dinge bewerte, die ich eher positiv als negativ sehe.

Es gibt jedoch auch negative Bewertungsgesten, mit denen eine Person ihre negative Meinung zu bestimmten Dingen ausdrücken kann. Einige der offensichtlicheren Gesten im Zusammenhang mit der negativen Bewertung sind das Schließen der Augen oder das Wegschauen in eine andere Richtung. Diese Gesten werden Sie mit Sicherheit wissen lassen, dass Ihre Ideen nicht ganz so gut ankommen. Eine weitere typische Geste ist etwas subtilerer Art: das Reiben der Nase. Viele Menschen reiben sich ihre Nase, wenn sie wütend, ängstlich oder selbstbewusst sind. Es ist auch interessant, festzustellen, dass sich einige Menschen die Nase reiben, um Entzündungen in diesem Bereich zu lindern, die durch einen Anstieg des Blutdruckes durch Lügen hervorgerufen wurden - dieses Phänomen ist als **Pinocchio-Effekt** bekannt (Parvez, 2015). Dieser biologische Mechanismus ist äußerst effizient bei der Erkennung von Lügen, was im Zusammenhang mit NLP-Techniken nützlich ist.

Jemand ist frustriert

Frustration kann sich durch die Körpersprache auf viele Arten manifestieren. Es ist leicht zu verstehen und zu interpretieren, wenn eine Person bestimmte Gesten ausführt, zum Beispiel, wenn sie mit ihren Füßen wackelt, mit den Händen auf ihren Schoß klopft, sich mit den Fingern das Gesicht reibt oder sich sogar kräftig kratzt (Radwan, 2017). Diese Bewegungen des Frustes können tatsächlich die aufgestaute Energie in dieser Person freisetzen, insbesondere wenn es eine Situation gibt, auf die sie nicht reagieren kann. Die offensichtlichste und am weitesten verbreitete Ausdrucksform der Frustration ist jedoch, wenn sich die Person den

Nacken reibt oder sich am Hinterkopf kratzt. Das Reiben des Nackens kann einer Person helfen, sich zu beruhigen, da sie auf diese Weise Energie tankt, wenn sie sich frustriert fühlt.

Wir können Frustration auch durch subtilere Körpersprache erkennen, zum Beispiel durch Gesichtsmuskeln, Augenbrauen oder Lippen. Subtile Bewegungen in diesen Bereichen werden als **Mikrogesten** bezeichnet. Wenn ich mich zum Beispiel gestresst oder frustriert fühle, dann kann es passieren, dass meine Gesichtsmuskeln gelegentlich zucken. Andere Leute werden dies kaum bemerken. Ein Experte, der in der Erkennung von Körpersprache und körpersprachlichen Hinweisen geschult ist, kann diese Mikrogesten jedoch aufgreifen. Wenn Sie einen Freund beobachten bzw. einen Menschen, den Sie gut kennen, dann sollten Sie dazu in der Lage sein, diese Mikrogesten viel einfacher zu erfassen als andere Menschen, weil Sie die Verhaltensweisen Ihres Freundes gut kennen. Es ist wichtig, Mikrogesten auch in Ihrer eigenen Körpersprache erkennen zu können, bevor Sie versuchen, die Körpersprache anderer Menschen zu beurteilen. Beispielsweise ist ein Psychologe effektiver, wenn er sich seiner eigenen Mikrogesten bewusst ist, bevor er die seines Klienten beurteilt.

Jemand hat Angst

Eine andere Form der Körpersprache, die wir leicht interpretieren können, ist Angst. Wenn ein Mensch ängstlich ist, drückt er dieses Gefühl normalerweise durch Zappeln aus, und zwar meistens auf verschiedene Arten. Einige dieser Hinweise sind Schwitzen, Fingernägelkauen oder ständiges Klopfen der Finger oder Fersen auf einem Tisch oder auf dem Boden. Wenn ich beispielsweise in der Arztpraxis auf eine Untersuchung warten muss, zappele ich nervös auf meinem Platz herum. Es kann auch sein, dass ich mein linkes Bein schnell auf und ab bewege, um meine Nervosität zu bekämpfen, während ich darauf warte, dass der Arzt meinen Namen aufruft.

Darüber hinaus können Ausdrücke der Angst verschiedene motorische Funktionen (wie das Gehen oder Laufen) beeinträchtigen, da die Angst dazu führt, dass sich der Körper verkrampft bzw. versteift. Ganz früher versteckten sich unsere Vorfahren vor Raubtieren, indem sie erstarrten und stillstanden, um Gefahren zu vermeiden. Diese Verhaltensweise ist fast genauso, als würde unser Unterbewusstsein unseren Körper versteifen, um nicht erkannt zu werden. Ein solcher Instinkt scheint auch heutzutage noch auf ähnliche Art und Weise aufzutreten. Diese Verhaltensweise kann als eine Form des „Ghostings" bezeichnet werden, da die Person versucht, sich der Beobachtung zu entziehen. Diese Körpersprache der Angst kann von einem NLP-Experten geleitet werden, wobei der Experte versucht, die Person dazu zu bringen, sich zu beruhigen und einige Atemübungen zu machen.

Jemand ist gelangweilt

Wie wir bereits gesehen haben, kann die Körpersprache einer Person verschiedene Geisteszustände ausdrücken und dazu gehört auch Langeweile. Eine Person kann Langeweile signalisieren, wenn ihr Blick nicht wach wirkt, wenn sie unaufmerksam aussieht oder wenn sie herumzappelt. Wenn mir langweilig wird, neige ich dazu, mich müde zu fühlen, besonders wenn mich der Alltag überfordert. Die Gründe für das Ausdrücken von Langeweile durch die Körpersprache sind sowohl mangelndes Interesse und/oder mangelnde Handlungsbereitschaft. Wenn zum Beispiel mein Gegenüber stundenlang über das Thema Politik redet, dann schlafe ich fast ein, weil mich dieses Thema überhaupt nicht interessiert. Es gibt viele Gründe für Langeweile.

Langeweile wird auf viele Arten ausgedrückt, wie beispielsweise durch Müdigkeit, Wiederholung und Ablenkung. Wenn sich eine Person beispielsweise langweilt, lenkt sie sich durch andere Aktivitäten ab, wie zum Beispiel durch ihr Mobiltelefon. Darüber hinaus wird die Person, die versucht, sich aufgrund von Langeweile abzulenken, typischerweise vermeiden, die Quelle der Langeweile zu betrachten. Einige ablenkende Aktivitäten können sich wiederholen, wie zum Beispiel ständiges Fingertippen. Und zu guter Letzt kann es sein, dass eine Person, die sich langweilt, manchmal einen verständnislosen Blick an den Tag legt und allgemein schlaff wirkt. Diese Haltung könnte einem Therapeuten oder NLP-Experten signalisieren, die Therapiesitzung zu verändern bzw. den Therapieverlauf anders zu gestalten.

Jemand ist bereit für den nächsten Schritt

Die Körpersprache, die signalisiert, dass eine Person bereit ist, zu handeln, kann das Drehen des Körpers in eine bestimmte Richtung, Anspannung, Einhaken und Bewegung umfassen. Wenn der Körper einer Person beispielsweise in Richtung einer anderen Person ausgerichtet ist - möglicherweise auf den NLP-Experten -, dann ist dies normalerweise ein Zeichen dafür, dass diese Person bereit dafür ist, die nächsten Schritte zu machen. Wenn eine Person angespannt ist, weil sie etwas tut, was sich außerhalb ihrer Komfortzone befindet, dann kann es sein, dass sie sich an bestimmten Dingen festhält. Wenn Sie beispielsweise beim Zahnarzt sind, greifen Sie möglicherweise nach den Armlehnen auf dem Zahnarztstuhl, während der Zahnarzt seiner Arbeit nachgeht.

Einhaken ist eine andere Form der Körpersprache, die signalisiert, dass die Person bereit ist, Maßnahmen zu ergreifen. Bei dieser Art der Körpersprache haken sich die Hände der Person leicht in ihre Kleidung ein, normalerweise im Hosenbund. Dies soll signalisieren, dass die Person bereit dazu ist, sich im Bedarfsfall schnell zu bewegen. Bitte beachten Sie, dass der Anfang einer Bewegung stets die Grundlage für eine weitere, darauffolgende Bewegung bildet. Zum Beispiel neige ich dazu, die Kleidung unter meinem Mantel zu glätten, bevor ich beispielsweise in ein Restaurant gehe. Die nächste Bewegung, die ich typischerweise mache, besteht darin, meine Tasche auf dem Weg zur Tür zu schnappen.

Es gibt verschiedene Gründe, warum jemand zu diesem Zeitpunkt Maßnahmen ergreifen möchte. Einige dieser Gründe sind, dass die Person dabei ist, zu gehen, etwas zu kaufen, eine Unterhaltung fortzusetzen oder bereit ist, zu kämpfen. Wenn mein Körper in Richtung Tür zeigt, dann mache ich das deswegen, weil ich gehen oder mich aus dieser Situation befreien möchte. Eine Person verwendet möglicherweise diese Art der Körpersprache, wenn sie dazu bereit ist, ein bestimmtes Produkt zu kaufen und zeigt dem Verkäufer diese Absicht durch ihre Körpersprache, indem sie sich dem Produkt zuwendet. Wenn mein Partner und ich eine lebhafte Diskussion führen, senden einer oder beide von uns Bereitschaftssignale, während wir sprechen oder das Gespräch fortsetzen. Der letzte Grund, den ich in diesem Zusammenhang erwähnen möchte, bezieht sich auf eine Kampfsituation, wenn sich eine Person darauf vorbereitet, sich zu verteidigen oder anzugreifen. In meiner Kindheit geriet ich manchmal in körperliche Auseinandersetzungen mit meinen Geschwistern.

Die Nutzung der Körpersprache der Bereitschaft kann in vielen beruflichen oder persönlichen Beziehungen von Vorteil sein, da diese dem Gegenüber signalisiert, dass Maßnahmen ergriffen werden müssen, damit diese Beziehung eine positive Richtung einnimmt. Es wäre daher an der Zeit, die Person zum Handeln zu bewegen, wenn diese dafür bereit ist.

Jemand lügt

Die Körpersprache, die uns verrät, wenn jemand lügt, umfasst normalerweise Abweichungen vom üblichen Verhalten dieser Person. Wenn Ihnen ein Freund beispielsweise normalerweise bei einem Gespräch in die Augen sieht, eines Tages jedoch den Augenkontakt vermeidet, dann kann dies ein Indikator dafür sein, dass er Sie anlügt. Wenn jemand lügt, reagiert seine Amygdala - der Teil des Gehirnes, der Emotionen verarbeitet - weniger responsiv. Dieser Umstand könnte dazu führen, dass die Person immer besser beim Lügen wird, sodass sie dies immer häufiger tut. Veränderungen in der Körpersprache können die Person jedoch immer noch verraten. Laut Jalili können Bewegungen des Körpers,

Gesichtsausdrücke, Sprachinhalte und Tonfall einen Lügner offenbaren (2019).

Ein Beispiel für die Körpersprache bzw. für eine Verhaltensweise, die impliziert, dass eine Person lügt, ist die Bewegung mit den Händen. Gestikulierende Hände während einer Unterhaltung sind verräterische Anzeichen für einen Lügner, da das Gehirn des Lügners während des Gespräches zu beschäftigt ist, die Lüge zu erfinden und zu prüfen, ob Sie sie glauben. Infolgedessen wird mit den Händen während des Gespräches typischerweise nicht so gestikuliert, wie es sonst der Fall ist.

Ein weiteres Beispiel für die Körpersprache, die ein Lügner möglicherweise an den Tag legt, besteht darin, dass der Lügner sich windet oder zappelt, da er zunehmend nervös wird, erwischt zu werden. Ihre Nerven oder Veränderungen des Nervensystems können dazu führen, dass eine Person ein juckendes oder prickelndes Gefühl bekommt, was zu noch mehr Zappeln führt. Diese übermäßigen Bewegungen des Körpers sind nicht die Norm für jemanden, der die Wahrheit sagt, es sei denn, diese Person zappelt normalerweise ebenfalls viel herum.

Eine Person kann Gesichtsausdrücke verwenden, die ihre Augen bzw. ihren Mund betreffen, wenn sie lügt. Wenn die Person, die während eines Gespräches lügt, sehr oft wegschaut, dann liegt dies daran, dass sie versucht, sich zu überlegen, was sie als Nächstes erfinden soll. Wenn Sie andererseits jemand während eines Gespräches viel zu lange direkt anstarrt, könnte dies ebenfalls darauf hindeuten, dass etwas nicht stimmt. Es ist wichtig, zu bedenken, dass sich das grundlegende Verhalten des Individuums in der Regel anders ist, als wenn die Person lügt. Zudem vermitteln Mund- oder Lippenbewegungen eine Lüge, wenn die Lippen der Person zusammengepresst werden, was ein Hinweis darauf ist, dass sie Fakten zurückhält (Jalili, 2019). Auch der Teint einer Person kann sich ändern, wenn sie lügt. Hierbei gibt es zwei Möglichkeiten: Entweder wird die Person weiß wie eine Wand oder errötet. Die Körpersprache kann sehr aussagekräftig sein, insbesondere bei Verhören.

Auch der Sprachinhalt kann sich verändern, wenn eine Person lügt. Wenn zum Beispiel jemand sagt: „Ich möchte ehrlich zu Ihnen sein", dann bedeutet dies, dass er das Bedürfnis hat, seine Ehrlichkeit zu betonen, um eine mögliche Lüge auszugleichen. Ein anderes Beispiel für eine Sprachveränderung während einer Lüge ist, wenn der Lügner nach den Worten sucht, aus denen die Lüge besteht. In diesem Fall kann es sein, dass die betreffende Person während der Lüge mehrmals Füllwörter, wie „ähm" oder „äh", verwendet, während sie über das nächste Wort nachdenkt, dass sie verwenden will. Darüber hinaus kann der Tonfall einer Person, die nicht die Wahrheit sagt, höher sein, was darauf hinweist, dass sie beim Erzählen der Lüge gestresst oder nervös ist. Diese Belastung führt dazu, dass die Stimmbänder steif werden. Wie wir hier gesehen haben, hat der Akt des Lügens eine eigene Körpersprache, was sowohl im Bereich der Psychologie als auch im rechtlichen Bereich hilfreich ist.

Mikroausdrücke

Mikroausdrücke sind ebenfalls eine Form der Körpersprache, die verschiedene Geisteszustände eines Individuums ausdrücken und uns verraten kann, ob diese Person lügt. Einige universelle Mikroausdrücke umfassen Angst, Glück, Ekel, Überraschung, Traurigkeit, Wut und Verachtung. Es ist sehr schwer, einen Mikroausdruck zu fälschen, da es sich um unwillkürliche Gesichtsausdrücke handelt, die auftreten, wenn ein Mensch eine bestimmte Emotion empfindet (Markowitz, 2013). Wenn eine Person beispielsweise wirklich überrascht ist, kann es sein, dass sie ihre Augenbrauen hochzieht, wobei die Haut unterhalb der Augenbrauen gestreckt wird, Falten auf der Stirn auftreten, die Augen weit geöffnet und der Kiefer fallengelassen wird.

Solche Mikroausdrücke im Gesicht während einer emotionalen Erfahrung halten nicht lange an, sondern dauern lediglich etwa 1/15 bis 1/25 einer Sekunde (Babich, 2016). Lügner und Menschen, die die Wahrheit sagen, zeigen verschiedene Formen von Mikroausdrücken, weil diese Ausdrücke unfreiwillig sind, was sie zu genaueren Indikatoren für die Wahrheit macht. Ein NLP-Experte kann anhand der Analyse der Mikroausdrücke seines Klienten dessen wahren Geisteszustand beurteilen und die weitere Vorgehensweise in Bezug auf die NLP-Therapiesitzung bestimmen. Darüber hinaus kann der NLP-Experte die Person neu programmieren, um ein positiveres Ergebnis zu erzielen, da Mikroausdrücke authentisch sind, selbst wenn der Klient hinsichtlich dessen lügt, wie er sich wirklich fühlt.

Sprechen mit den Händen: Verräterisches Händeschütteln und Gesten

Eine andere Form der Körpersprache, die interpretiert und sogar kontrolliert werden kann, sind Händeschütteln und Gesten mit den Händen. Diese Form der Körpersprache mit den Händen kann sehr aussagekräftig sein, da die Position der Hände die wahren Absichten zeigen kann. Wenn zum Beispiel eine Person kontaktfreudig ist, ist ihr Händedruck wahrscheinlich fester als bei einer Person, die introvertierter ist und deren Händedruck wahrscheinlich lockerer ist. Darüber hinaus kann ein Handschlag auch dann verwendet werden, um eine Dominanz zu vermitteln. Diese Dominanz wird dann an den Tag gelegt, wenn die Person den Handschlag initiiert und dann mit ihrer Hand Ihre Hand führt oder auf andere Weise kontrolliert (Muoio, 2014). Auch das Händeschütteln mit verschwitzten Händen, das Händeschütteln nur mit den Fingern, das Händeschütteln mit beiden Händen, das Händeschütteln, bei dem fast die Finger zerquetscht werden sowie ein sehr schwacher Händedruck treten häufig auf. Der Händedruck mit beiden Händen ist wohl der interessanteste Handschlag, da dieser normalerweise dann verwendet wird, um Aufrichtigkeit, Ehrlichkeit und sogar Intimität zu offenbaren, insbesondere wenn der Handschlag höher als gewöhnlich ausgeführt wird. Dieser Händedruck kann jedoch immer noch irreführend sein. Wenn Politiker beispielsweise Freundschaft signalisieren möchten, dann kann es passieren, dass sie die Hände ihres Gegenübers umschließen, was den Wunsch symbolisiert, die Kontrolle zu übernehmen!

Zur Körpersprache der Hände gehören auch Handgesten, wie das Zeigen offener Handflächen, das Zeigen mit den Fingern auf eine andere Person, das Herumfuchteln mit den Fingern vor dem Gesicht des Gegenübers, das Stehen mit den Händen hinter dem Rücken sowie das Zusammenpressen der Hände (Muoio, 2014). Wenn jemand offene Handflächen zeigt, kann dies auf Offenheit hindeuten, es sei denn, die Handflächen sind nach unten gerichtet, was stattdessen Autorität bedeutet. Das Zeigen mit den Fingern auf andere Personen kann auf Aggressivität hinweisen, während das Herumfuchteln mit den Fingern vor dem Gesicht des Gegenübers Selbstvertrauen vermittelt. Beim Militär stehen Soldaten oft mit den Händen hinter dem Rücken da, wenn sie „entspannt" stehen sollen. Diese Pose wird im Allgemeinen dazu verwendet, um das Gegenteil von Überlegenheit und Macht gegenüber denjenigen, die die Macht haben, zu zeigen. Das Zusammenpressen der Hände symbolisiert Frustration.

Händeschütteln wird je nach Kontext einprägsamer, wenn es ordnungsgemäß ausgeführt wird. Der Kontext kann ein Geschäftstreffen oder ein gesellschaftliches Treffen sein und das Händeschütteln kann bei diesen Veranstaltungen einen bleibenden Eindruck hinterlassen. In Bezug auf die Neurowissenschaften kann ein Handschlag eine positive Atmosphäre fördern, die voller guter Absichten und Motivationen ist. Ein selbstbewusster Händedruck kann auf eine tiefere Kommunikation hinweisen, negative Assoziationen reduzieren und das persönliche Interesse erhöhen (Lee, 2020). Es ist offensichtlich, dass ein guter Händedruck die Voraussetzungen für weitere positive Kommunikationen und Interaktionen schaffen kann.

Es ist wichtig, zu beachten, dass Gesten mit den Händen auch bestimmte Bedeutungen vermitteln können. Wenn Sie beispielsweise Ihre Hände in die Taschen stecken, wird dies zu einer Zurückhaltung beim Sprechen führen, während offene Handflächen Aufrichtigkeit symbolisieren können. Darüber hinaus kann eine nach unten gerichtete Handfläche Autorität und Macht suggerieren, während eine geschlossene Hand mit einem ausgestreckten

Finger symbolisieren kann, sein Gegenüber dazu zu bewegen, sich zu unterwerfen. Wenn Ihre Eltern Ihnen früher beispielsweise eine Anweisung gaben, verwendeten sie möglicherweise eine geschlossene Hand mit einem ausgestreckten Finger, um Sie dazu zu bringen, ihnen zu gehorchen. Andere Handgesten sind nach oben gerichtete Daumen, zupackende Finger, Fauststöße und abgehackte Bewegungen mit den Händen. Wie wir bereits festgestellt haben, können Gesten mit den Händen eine Menge über eine Person und ihre Absichten verraten.

Überzeugende Körpersprache

Eine überzeugende Körpersprache kann Selbstvertrauen in allen möglichen Situationen vermitteln, und zwar sowohl im beruflichen als auch im privaten Umfeld. Zu den körpersprachlichen Gesten, die Selbstvertrauen ausstrahlen, gehören Hände, die vor dem Bauch gefaltet werden, Fingerspitzen, die sich berühren sowie Machtposen. Ich habe zum Beispiel bemerkt, dass der Meteorologe, den ich morgens im Fernsehen sehe, seine Hände stets vor seinem Bauch faltet und sich seine Fingerspitzen berühren, während er den Wetterbericht vorträgt. Er scheint sehr selbstsicher zu sein, auch wenn er sich verspricht. Andere körpersprachliche Gesten, die Selbstvertrauen ausstrahlen, sind (Radwan, 2017):

- aufrechte Körperhaltung
- breitbeiniges Gehen
- Eine Person gerät nicht in Panik.
- kein Herumzappeln
- weniger sprachliche Fehler
- richtiger Augenkontakt
- keine geschlossenen Gesten
- nicht fragend auf andere blicken, was in Bezug auf zukünftige Aktionen zu tun ist

Es ist wichtig, diese körpersprachlichen Signale bei sich selbst und bei anderen Menschen lesen zu können, da Sie sich dadurch nicht nur selbstsicherer und attraktiver fühlen, sondern diese Signale überzeugen auch andere Menschen davon, sie zu mögen. Wenn mein Partner beispielsweise breitbeinig geht, so kann das bedeuten, dass er keine Angst hat, wenn er auf ungewohnte Situationen stößt. Darüber hinaus empfinden viele Menschen Selbstvertrauen als sexy.

Körpersprachliche Signale sind für Fachleute und Unternehmen gleichermaßen wertvoll, insbesondere wenn ein Verkäufer versucht, einen potenziellen Kunden zum Kauf seines Produktes und/oder seiner Dienstleistung zu überreden. Einige dieser lesbaren Körpersignale treten im Bereich der Augen, des Gesichtes, der Hände, Arme und Füße auf. Wenn ein potenzieller Kunde beispielsweise auf das Produkt starrt, das Sie verkaufen möchten, dann ist es möglicherweise ein guter Zeitpunkt, um zu erkunden, ob er Fragen dazu hat. Wenn der Kunde gleichzeitig lächelt und nickt, war Ihre Präsentation des Produktes wahrscheinlich erfolgreich und Sie können loslegen.

Darüber hinaus können Hände und Arme auch Ungeduld vermitteln. Im Allgemeinen ist diese Ungeduld daran zu erkennen, dass eine Person mit ihren Fingern trommelt (Wood, o. J.). Auch die Füße sind ein gut analysierbarer Bereich, da diese dem Verkäufer signalisieren können, ob der Interessent eine offene oder geschlossene Einstellung hat, je nachdem, in welche Richtung sie zeigen. Wenn die Füße auf den Verkäufer gerichtet sind, dann ist der Kunde offen für die Ideen des Verkäufers. Sind die Füße jedoch nicht auf den Verkäufer gerichtet, dann wird der Kunde den Rat des Verkäufers wahrscheinlich nicht wertschätzen. Solche körpersprachlichen Signale können dem Verkäufer eine Menge über die Reaktion des Kunden in Bezug auf ihn selbst sowie auf sein Produkt verraten. Daher ist es wichtig, so schnell wie möglich und so viel wie möglich über die verschiedenen Körpersignale zu lernen.

Überzeugung und Einfluss bei NLP

Die Körpersprache wird dann einflussreicher und überzeugender, wenn eine Person die Körpersprache einer anderen Person widerspiegeln oder mit dieser übereinstimmen kann. Während einer NLP-Sitzung zwischen einem Patienten und dem NLP-Experten kann das Lesen der Körpersprache und der Signale des Gegenübers beispielsweise zu einem Spiel werden. Wenn der Patient lächelt, dann wird dies der NLP-Experte ebenfalls tun, da dies Rapport und Vertrauen schafft. Menschen vertrauen ihrem Gegenüber auch, wenn es ihnen ähnlich ist. Diese enge NLP-Beziehung kann dann in die Richtung geführt und manipuliert werden, in die der NLP-Experte sie führen möchte, während er den Klienten mit seinen absichtlichen Körpersignalen steuert.

Überzeugung und Einflussnahme in der NLP-Praxis mittels NLP-Techniken und -Tools werden insbesondere möglich, wenn eine spezielle NLP-Technik verwendet wird - die **Framing-Technik**. Die Framing-Technik besteht darin, dass der NLP-Experte den Kontext einer Situation erstellt, indem er den ursprünglichen Kontext für den Klienten wiederholt. Normalerweise schafft der NLP-Experte dies, indem er seine Ähnlichkeit mit dem Gegenüber demonstriert und so eine Beziehung mit ihm aufbaut. Schließlich sind die besten Worte, die Sie hören können, jene, die Sie gerade selbst gesagt haben! NLP-Framing ist nur eine der vielen NLP-Techniken und -Werkzeuge, die bei korrekter Ausführung äußerst einflussreich und überzeugend sein können.

Wenn diese Technik richtig angewandt wird, dann ist es möglich, den subjektiven Geisteszustand einer Person durch NLP-Framing zu ändern. Der NLP-Experte steuert den Kontext durch die Verwendung des eigenen subjektiven Zustandes, der Spiegelneuronen, der Sprache und der Absicht (Snyder, 2019). All diese Variablen tragen dazu bei, den Patienten davon zu überzeugen, sich mit dem NLP-Experten zu verankern, wodurch Rapport und Vertrauen aufgebaut wird. Sobald der Klient dem NLP-Experten vertraut, verwendet dieser die Sprache, um seinen ursprünglichen

Zustand mit Triggerwörtern zu erweitern. Diese Triggerwörter werden verwendet, um den Patienten zu weiteren Diskussionen zu führen, indem er Erinnerungen mit Werten, Assoziationen und emotionalen **Hot Buttons** öffnet. Die Hot Buttons animieren den Klienten emotional und können mehr Gefühle erzeugen, die die Wahrnehmungsfilter des Klienten verändern. Dies ist der Zeitpunkt, an dem der Klient beginnt, den NLP-Experten anhand des Bildes wahrzunehmen, das dieser gerade von sich selbst erstellt hat. Wie Sie sehen können, kann NLP-Framing ein sehr leistungsfähiges Werkzeug zur Kontrolle, Manipulation und Überzeugung sein.

Zusammenfassung des Kapitels

In diesem Kapitel haben Sie erfahren, warum Sie Körpersprache lernen und beherrschen sollten. Darüber hinaus haben Sie erfahren, wie Sie durch die Verwendung der Körpersprache einen Vorteil erzielen, wenn Sie die wichtigsten Formen der Körpersprache verstehen, damit Sie sie interpretieren und steuern können. Es ist auch wichtig, im Hinterkopf zu behalten, was wir über Mikroausdrücke, Händeschütteln und Gesten mit den Händen besprochen haben, da Ihnen ein besseres Verständnis dieser Informationen helfen kann, andere Menschen einfacher zu beeinflussen und zu überzeugen. Darüber hinaus ist das Spiegeln eine weitere einflussreiche und überzeugende Technik, um eine Beziehung zu Ihrem Gegenüber aufzubauen, insbesondere beim Framing. Um Ihr Gedächtnis aufzufrischen, sind hier nochmals einige wichtige Punkte aus diesem Kapitel aufgeführt:

- Die nonverbale Körpersprache kann ein genauer Indikator für die Kommunikation einer Person sein.
- Sie können in jeder Situation einen Vorteil erzielen, indem Sie eine überzeugende Körpersprache verwenden.

- Obwohl der allgemeine Gebrauch der Körpersprache universell ist, können verschiedene Kulturen und Gesellschaften bestimmte Formen der Körpersprache auf unterschiedliche Weise interpretieren.
- Die Körpersprache kann auf starke Gefühle hinweisen.
- Die unfreiwillige Verwendung von Mikroausdrücken kann für die NLP-Anwendung nützlich sein, da der NLP-Experte dadurch den wahren Geisteszustand des Klienten beurteilen kann.
- Händeschütteln und Gesten mit den Händen können den wahren Geisteszustand des Klienten offenbaren.
- Eine überzeugende Körpersprache kann Selbstvertrauen in allen möglichen Situationen vermitteln, und zwar sowohl im beruflichen als auch im privaten Umfeld.
- Einige Formen der überzeugenden Körpersprache sind (Radwan, 2017):

  - aufrechte Körperhaltung
  - breitbeiniges Gehen
  - Eine Person gerät nicht in Panik.
  - kein Herumzappeln
  - weniger Sprachfehler
  - richtiger Augenkontakt
  - keine geschlossenen Gesten
  - nicht fragend auf andere blicken, was in Bezug auf zukünftige Aktionen zu tun ist

- Die Körpersprache wird einflussreicher und überzeugender, wenn sie gespiegelt oder an die Körpersprache einer anderen Person angepasst wird, wodurch diese Person möglicherweise dazu gebracht wird, zu handeln.
- NLP-Framing ist ein leistungsstarkes NLP-Werkzeug, mit dem ein NLP-Experte einen Patienten steuern, manipulieren und überzeugen kann.

Im nächsten Kapitel erfahren Sie alles über die NLP-Frame-Steuerung.

KAPITEL 6

Kontrollieren Sie den Frame, kontrollieren Sie das Spiel

Interpretation des NLP-Framings

NLP-Framing kann als Rahmen definiert werden, der ein Ereignis oder eine Erfahrung einschließt. Mit anderen Worten ausgedrückt: Ein **Frame** (Rahmen) in der NLP-Terminologie ist die mentale Vorlage einer Person, die ihre alltäglichen Wahrnehmungen filtert oder färbt und ihr Verhalten und ihre Interaktionen beeinflusst (Catherine, 2014). Beim NLP-Framing kann die mentale Vorlage der Person geändert werden, um zu verändern, wie sie die Realität sieht und erlebt. Die Realität wird sich ändern, wenn ein NLP-Experte diese Person „gerahmt" hat.

Antwort des Gehirnes auf NLP-Framing

NLP-Framing beeinflusst das Gehirn durch die Umstrukturierung der Verbindungen des limbischen Systems zwischen Amygdala und Hippocampus. Die **Amygdala** ist für die Steuerung Ihrer Emotionen verantwortlich, während der **Hippocampus** Ihre wichtigsten Erinnerungen produziert und speichert. Genauer gesagt interagieren der **präfrontale Kortex** und der **Thalamus** mit dem Hippocampus, der Amygdala und dem Rest des limbischen Systems, um die Erinnerung zu finden, die für die NLP-Rahmung am besten geeignet ist.

NLP-Framing modifiziert eine emotionale Reaktion

Aus diesem Grund modifiziert NLP-Framing die emotionale Reaktion auf diese spezielle Erinnerung, indem die mit dieser Erinnerung verbundenen Emotionen erhöht oder verringert werden.

Zum Beispiel kann ein negatives Framing die Emotionen der Person verringern, wenn sie dabei unterstützt wird, sich von dieser Erinnerung zu lösen, indem Verbindungen zwischen den Emotionen und dieser Erinnerung unterdrückt oder verhindert werden. Auf der anderen Seite versucht das positive Framing, eine ansonsten normale Erinnerung durch Nutzung der Vorstellungskraft und der Sinne der Person in eine stärkere Erinnerung zu verwandeln, wobei ein zusätzlicher Fokus auf die Steigerung der emotionalen Wirkung gelegt wird.

NLP-Framing basiert auf Absichten

NLP-Framing basiert auf Absichten. Insbesondere basiert NLP-Framing auf den Absichten des NLP-Anwenders und des Klienten, indem beide während einer NLP-Sitzung miteinander auf Basis der Gründe, warum die Sitzung überhaupt stattfindet, interagieren. Wenn der Klient beispielsweise möchte, dass die Sitzung stattfindet, weil er eine Erfahrung positiver „framen" möchte, dann besteht die Absicht des NLP-Experten wahrscheinlich darin, die positiven Assoziationen und Gefühle hinsichtlich dieses Ereignisses bzw. dieser Erinnerung zu verstärken. Die Gründe für die Verbesserung des subjektiven Geisteszustandes des Klienten in Bezug auf das Ereignis oder die Erinnerung sind, dass der Klient emotional, psychisch und vielleicht sogar physisch davon profitiert.

Kategorien von Absichten im Bereich des NLP-Framing

Es gibt verschiedene Kategorien von Absichten im Bereich des NLP-Framing. Einige dieser Kategorien umfassen unbewusste Absichten, bewusste Absichten, voreingestellte Absichten, sich entwickelnde Absichten und bedingte Absichten. **Unbewusste Absichten** werden vor unserem wissentlichen Bewusstsein verborgen oder unterdrückt, während **bewusste Absichten** jene sind, denen wir große Aufmerksamkeit schenken und die uns normalerweise täglich beschäftigen. Beispielsweise befinden Sie sich möglicherweise „im Flow", während Sie an einer Aufgabe arbeiten und sind sich dessen aufgrund der unbewussten Absicht nicht einmal bewusst. Sie sind sich jedoch des *Zweckes* der Aufgabe sehr wohl bewusst. **Voreingestellte Absichten** umfassen normalerweise Pläne, während **sich entwickelnde Absichten** im Moment stattfinden. Interessanterweise sind **bedingte Absichten** dann nützlich, wenn die Bedingungen dafür erfüllt sind. Wie wir gesehen haben, gibt es verschiedene konkurrierende Absichten im Leben und in der NLP-Praxis.

Festlegung starker Frames

Das Festlegen starker Frames beim NLP ist manchmal erforderlich, um das Gesamtziel zu erreichen. Dies liegt daran, dass es viele Variablen gibt, die die Stärke der Absichten des Frames beeinflussen können, wie zum Beispiel Zeit, Flexibilität und Wissen. Zum Beispiel kann ein kurzfristiger zeitlicher Frame stark sein, wie beispielsweise das Einkaufen von Lebensmitteln im Supermarkt, während ein langfristiger zeitlicher Frame, wie das Tilgen von Schulden, schwächer sein kann. Darüber hinaus spielt auch die Flexibilität eine Rolle. Wenn Sie innerhalb von Sub-Frames arbeiten können, um das Ziel des Hauptframes zu erreichen, dann sind die Erfolgschancen höher, als wenn Sie unflexibel wären. Wissen spielt ebenfalls eine Schlüsselrolle. Je mehr Wissen der Einzelne besitzt, desto wahrscheinlicher kann er das Gesamtziel erreichen. Starke Frames erfordern zudem starke Absichten, selbst wenn es viele Variablen für die Frame-Stärke gibt.

Herausfinden, welcher NLP-Frame übernommen werden soll

Es ist wichtig, herauszufinden, welcher NLP-Frame für den einzelnen Kontext übernommen werden soll, da der Frame den Klienten, die Richtung, die Ziele und das Gesamtergebnis der NLP-Sitzung beeinflussen kann. Wenn der NLP-Experte die Person kennt, die er zu überzeugen versucht, dann ist es einfacher, den richtigen Frame auszuwählen. Zu diesen persönlichen Variablen gehören, welche Identität das Individuum besitzt, was seine

77

Motivation, gewählte Ausdrucksform, Mikroausdrücke sowie Werte sind und was die Person wirklich will (Snyder, 2019). Sobald Sie über dieses Wissen verfügen, wird es einfacher, die Person davon zu überzeugen, das zu tun, was Sie wollen. Wenn Sie wissen, welchen Frame Sie übernehmen müssen, können Sie auch die folgenden Fragen beantworten:

- Wie muss diese Person sein, damit sie die von mir gewünschten Maßnahmen ergreift?
- In welchen subjektiven Geisteszuständen muss sich die Person befinden, um diese Maßnahmen ergreifen zu wollen?
- Welche Vorteile ergeben sich daraus für die Person?
- Was ist das Ergebnis?

Wenn der richtige Frame für diese Person ausgewählt wird, wird sie sich höchstwahrscheinlich öffnen, was letztendlich sowohl dem NLP-Experten als auch dem Klienten hilft. Insbesondere hilft der richtige Frame dem NLP-Anwender dabei, jene Informationen zu erhalten, die er benötigt, um die NLP-Therapiesitzung in die erforderliche Richtung zu lenken, wovon der Klient am Ende profitieren wird.

Gründe für die Erstellung eines starken Frames

Um einen starken Frame zu schaffen, muss der NLP-Experte einige Voraussetzungen erfüllen. Eine solche Anforderung ist eine starke Absicht, die notwendig ist, um den Willen des Klienten sicherzustellen und die Aufgabe bis zu ihrer Erfüllung durchzuführen. Eine weitere Anforderung für einen starken Frame ist Flexibilität, da manchmal verschiedene Sub-Frames innerhalb des Haupt-Frames vorhanden sind. Wenn der NLP-Anwender nicht flexibel ist, wird es schwieriger, das Hauptziel der NLP-Therapiesitzung zu erreichen. Die nächste Voraussetzung für einen starken Frame besteht darin, dass der Klient und der NLP-Experte diesen testen müssen, um dessen Toleranz und Überlebensstärke zu bestimmen. Wenn mein Ziel zum Beispiel darin besteht, Gewicht zu verlieren, dann muss ich wiederholt Maßnahmen ergreifen, um dies zu erreichen, insbesondere wenn ich versucht bin, meine guten Vorsätze bei einem All-you-can-eat-Buffet über Bord zu werfen. Starke Frames erfordern auch, dass die Person den Frame nicht verschiebt und neu definiert, da sie dadurch das ursprüngliche Ziel aus den Augen verliert. Kurz gesagt, eine Person muss durchhalten, um die Ziele des Frames zu erreichen.

Übungen zur Stärkung des NLP-Frames

Manchmal müssen NLP-Frames intensiviert werden, um stark zu werden und stark zu bleiben. Dazu kann die Person eine Reihe von Übungen zur Stärkung des Frames machen. Einige dieser Übungen umfassen:

- Vermeiden Sie es, zu fluchen oder Schimpfwörter zu verwenden.
- Halten Sie sich an eine Einkaufsliste.
- Gehen Sie jeden Tag zur selben Uhrzeit ins Bett und stehen Sie jeden Morgen zur selben Uhrzeit auf.
- Trainieren Sie jeden Tag.
- Setzen Sie sich konkrete Lebensziele.
- Knüpfen Sie Kontakte, jedoch nicht zu viele.
- Bringen Sie andere Menschen zum Lächeln.
- Nehmen Sie an einem Schauspielkurs teil.
- Machen Sie Tai-Chi in der Öffentlichkeit.
- Machen Sie sich vor jeder Unterhaltung Ihre Absichten bewusst.

Der Grund für diese Übungen zur Stärkung des Frames ist das Erlernen der Selbstkontrolle, indem Sie sich an eine Einkaufsliste sowie an einen regelmäßigen Schlafplan etc. halten. Darüber hinaus können uns klar definierte, konkrete Lebensziele Halt geben, auf die wir hinarbeiten können. Das Knüpfen von Kontakten hilft uns dabei, eine stärkere Frame-Kontrolle zu entwickeln, wenn wir mit anderen Menschen interagieren. Außerdem ziehen wir andere

Menschen auf emotionaler Ebene an, wenn wir sie zum Lächeln bringen. Es wird ebenfalls empfohlen, Schauspielunterricht zu nehmen, um eine bessere Frame-Kontrolle zu erhalten, da uns Schauspielunterricht lehrt, gut zu „handeln", während eine starke Frame-Kontrolle angewendet wird. Das Durchführen von Übungen, wie Tai-Chi in der Öffentlichkeit, kann uns ebenfalls dabei helfen, uns nicht mehr darum zu kümmern, was andere Menschen von uns denken oder dass sie uns beobachten. Außerdem wird die Frame-Kontrolle verbessert, wenn wir auf unsere Unterhaltungen achten, da wir währenddessen üben, unsere Absichten beizubehalten.

Sieben NLP-Frames und deren Anwendung

In der NLP-Praxis gibt es eine Vielzahl von NLP-Frames. Einige dieser NLP-Frames sind der Ergebnis-Frame, der Ökologie-Frame, der Was-wäre-Frame, der Rückzugsframe, der Relevanz-Frame, der Kontrast-Frame und der Offene Frame. Beim **Ergebnis-Frame** handelt es sich um eine Übung, mit der Sie herausfinden können, was andere Menschen wollen und dann die Ressourcen erlernen, um ihre Wünsche zu erfüllen. Diese Übung wird angewendet, indem die entsprechende Person einfach gefragt wird, was sie will. Ein weiterer Frame ist der **Ökologie-Frame**, der als Auswirkung einer Aktion oder eines Ereignisses auf die größeren Systeme definiert wird, an denen wir beteiligt sind (wie zum Beispiel der Familie, der Gemeinschaft oder sogar der gesamten Welt). Der Ökologie-Frame wird angewendet, indem nach der Integrität der gewünschten Aktion gefragt wird und wie sich diese auf die Integrität anderer Menschen und deren jeweiligen Systeme auswirkt.

Der **Was-wäre-Frame** beinhaltet die Erforschung von Möglichkeiten sowie eine innovative Problemlösung aufgrund der Vorstellung, dass die Situation eine andere wäre. Der **Rückzugsframe** wird so definiert, dass dieser zu einem Bezugspunkt zurückkehrt, um bestimmte Informationen zu klären. Eine Person kann sich also weiterentwickeln und die Richtung der Kommunikation und Interaktion neu ausrichten. Der Rückzugsframe wird angewendet, indem das Gesagte unter Verwendung der Schlüsselwörter der anderen Person wiederholt wird, wodurch überprüft wird, ob Verständnis und Übereinstimmung bestehen.

Der **Relevanz-Frame** hält die Diskussion relevant, indem folgende Frage gestellt wird: „Inwiefern ist etwas für das Ergebnis oder die Tagesordnung dieser Diskussion relevant?" Der **Kontrast-Frame** wird definiert als das Vergleichen und Gegenüberstellen von Optionen und Alternativen, um zu zeigen, dass jetzt Maßnahmen ergriffen werden müssen. Dieser Frame wird angewendet, indem die aktuelle Situation dem gewünschten Ergebnis gegenübergestellt wird, wodurch hervorgehoben wird, welche Maßnahmen ergriffen werden sollten. Schließlich gibt es noch den **Offenen Frame**, der vollständig ohne „Drehbuch" auskommt, sodass der Einzelne diskutieren und ausdrücken kann, worüber er in diesem bestimmten Moment sprechen möchte. Wie wir sehen, können diese Frames sehr nützlich sein und auf eine Vielzahl von Kontexten angewendet werden, um dem Empfänger dabei zu helfen, das gewünschte Ergebnis zu erzielen.

Re-Framing im NLP-Bereich

Das Aktualisieren des ursprünglichen NLP-Frames kann unter bestimmten Umständen von Vorteil sein. Wenn der ursprüngliche NLP-Frame nicht mehr für den aktuellen Kontext gilt, muss er umstrukturiert und angepasst werden, um für den Einzelnen und die Situation wieder praktikabel zu sein. Gemäß Hall bedeutet **Re-Framing**, dass wir unsere Gedanken mit einer anderen Perspektive verschieben, die sich aus der Neuklassifizierung und Neudefinition des Referenz-Frames ergibt (2010). Tatsächlich ermöglicht uns das Re-Framing, kreativer zu sein, da es uns eine neue Referenzstruktur bietet, aus der die Dinge betrachtet werden können. Dies kann wiederum unter anderem unsere Erfahrungen, Gedanken und Interaktionen verändern.

Das Re-Framing kann auf verschiedene Arten erfolgen: De-Framing, Pre-Framing, Post-Framing, Counter-Framing, Out-Framing und Metaphorisches Framing. **De-Framing** besteht darin, dass wir die Bedeutung auseinanderziehen, während beim **Pre-Framing** das Konzept des Handelns neu klassifiziert wird. Beim **Post-Framing** wird ein Standpunkt festgelegt, bevor ein Frame strukturiert wird. Post-Framing schafft neue Sichtweisen von einem zukünftigen Bezugspunkt, sodass eine neue Bedeutung eintreten wird, wenn sich eine Person auf eine vorherige Aktion bezieht. **Counter-Framing** erfordert, dass der Person und/oder dem Kontext Gegenbeispiele zur Verfügung gestellt werden. **Out-Framing** ist definiert als das Erstellen eines neuen Frames für das Konzept, indem von einer Bedeutung abgewichen wird, wodurch der andere Frame entstehen kann. Und zu guter Letzt besteht das **Metaphorische Framing** darin, dass eine Geschichte oder eine Metapher verwendet wird, um Dinge in einer ähnlichen Situation zu framen. Das Re-Framing ermöglicht es dem Individuum, sich kreativ an Veränderungen anzupassen, während die mentale Vielseitigkeit der Person ihre subjektiven Erfahrungen umrahmt und neugestaltet.

Verwendung der Frame-Kontrolle, um Personen zu beeinflussen

Die Frame-Kontrolle kann verwendet werden, um andere Menschen zu überzeugen, indem Verhaltenskonsistenz durch Kongruenz von Gesichtsgesten, Tonfall und Körpersprache demonstriert wird, um letztendlich Menschen dazu zu bringen, es ihrem Gegenüber gleichzutun (Your Charisma Coach, 2020). Wenn ich zum Beispiel konsequent auf das höre, was mein Partner zu sagen hat, indem ich mich nach vorne beuge und ihm direkt in die Augen schaue, wird er eher meinen Ideen oder Vorschlägen folgen. Kurz gesagt, mein konsequentes Verhalten führt dazu, das Interesse meines Partners beizubehalten und er wird schließlich hoffentlich meinem Beispiel folgen. Die Frame-Kontrolle hat einen großen Einfluss, da sie soziale Erwartungen setzt, die einen starken Eindruck auf Personen hinterlassen können, solange Sie Ihr Verhalten gegenüber ihnen nicht ändern. Die Frame-Kontrolle stellt die Bühne für weitere Aktionen und Reaktionen zur Verfügung, sobald Sie sie definiert haben.

Die Russell-Brand-Methode und das Ausnutzen der Worte und Schwächen anderer Menschen

Eine interessante Strategie zur Frame-Kontrolle ist die Russell-Brand-Methode. Die **Russell-Brand-Methode** zur Frame-Kontrolle umfasst ein starkes Glaubenssystem, eine selbstbewusste Körpersprache, einen klaren Geisteszustand, in dem Emotionen nicht die Oberhand gewinnen sowie die Fähigkeit, die Worte eines anderen Menschen auszunutzen. Genauer gesagt unterstützt ein starkes Glaubenssystem mit einer starken Vision die Argumente des Einzelnen, wenn dieses Glaubenssystem kontinuierlich praktiziert wird. Zweitens beeinflusst eine selbstbewusste Körpersprache die Frame-Kontrolle, die dadurch signalisiert wird, dass man seine Brust herausstreckt, einen befehlenden Tonfall ausübt, wie ein Unternehmensmanager geht und sich seiner Gesten und Körperhaltungen bewusst ist (Iliopoulos, 2015). Darüber hinaus ist ein klarer Geisteszustand wichtig, in dem Emotionen nicht die Oberhand gewinnen, da dadurch der Frame kontrolliert werden kann.

Die Fähigkeit, sich die Worte anderer Menschen zu Nutze zu machen, ist bei der Russell-Brand-Methode ebenfalls von großer Hilfe, da die Person auf diese Weise wieder auf den Sender der Botschaft zurückgreifen kann. Wenn eine Person beispielsweise von den Versuchen anderer Menschen, sie zu belästigen, nicht beeinflusst wird, dann deutet dies auf eine ruhigere Präsenz hin, sodass die Person Zeit hat, die gegen sie verwendeten Wörter zu bewerten. Die Russell-Brand-Methode zur Frame-Kontrolle nutzt die Worte und Schwächen der Menschen effektiv aus, da die meisten Menschen auf die Situation reagieren, anstatt selbst Maßnahmen zu ergreifen.

Bei Frame-Auseinandersetzungen die Kontrolle über Ihren eigenen Verstand zurückerobern

Es ist notwendig, bei Frame-Auseinandersetzungen die Kontrolle über den eigenen Verstand zurückzugewinnen, um die Situation wieder zu Ihren Gunsten manipulieren zu können. Dies kann erreicht werden, indem das Unbeobachtete herausgefordert und eine neue Diskussion erstellt wird (Basu, 2016). Wenn Sie das Unbeobachtete herausfordern, können Sie die andere Partei dazu bringen, über die größere Perspektive zu sprechen und so die Möglichkeit schaffen, von der eigentlichen Diskussion abzulenken. Darüber hinaus unterbricht dieser Akt die andere Partei und ihre Denkweise. Zudem kann das Stellen von Fragen zu einer weiteren Diskussion führen, in der die Person die andere Partei von ihrem Frame und ihrer Denkweise wegleiten kann. Mit anderen Worten, der zweite Teil, um die Kontrolle über Ihren eigenen Verstand in Frame-Auseinandersetzungen zurückzugewinnen, besteht darin, eine neue Diskussion zu schaffen, da dies die andere Partei aus ihrem eigenen Frame herauszieht und sie dazu bringt, über andere relevante Frames nachzudenken und darüber zu sprechen. Diese Methode ist nützlich, um ein Gespräch zu Ihren Gunsten zu führen.

Zusammenfassung des Kapitels

In diesem Kapitel haben Sie verschiedene Aspekte der NLP-Frame-Steuerung kennengelernt. Sie haben gelernt, was Framing ist und wie Sie einen starken Frame festlegen. Sie haben auch etwas über die sieben NLP-Frames und deren Anwendung gelernt, während Sie die Kunst des Re-Framings selbst in Betracht gezogen haben. Es ist ebenfalls wichtig, zu beachten, dass die Frame-Kontrolle verwendet wird, um andere Menschen zu beeinflussen. Ein Beispiel hierfür ist die Russell-Brand- Methode. Zu guter Letzt haben Sie gelernt, wie Sie in Frame-Auseinandersetzungen die Kontrolle über Ihren eigenen Verstand zurückerobern können. Um Ihr Gedächtnis aufzufrischen, sind hier nochmals einige wichtige Punkte aus diesem Kapitel aufgeführt:

- Ein Frame ist die mentale Vorlage einer Person, die ihre alltäglichen Wahrnehmungen filtert und dann das Verhalten und die Interaktionen der Person beeinflusst (Catherine, 2014).
- Das NLP-Framing beeinflusst das Gehirn durch die Umstrukturierung der Verbindungen des limbischen Systems zwischen Amygdala und Hippocampus.
- Aus diesem Grund modifiziert das NLP-Framing die emotionale Reaktion auf eine spezielle Erinnerung, indem die mit dieser Erinnerung verbundenen Emotionen erhöht oder verringert werden.
- NLP-Framing basiert auf Absichten.
- NLP-Framing besitzt die folgenden Kategorien von Absichten:

  o unterbewusste Absichten
  o bewusste Absichten
  o voreingestellte Absichten
  o sich entwickelnde Absichten
  o bedingte Absichten

- Das Festlegen starker Frames ist manchmal erforderlich, um das Gesamtziel zu erreichen.
- Zu wissen, welcher Frame für den individuellen Kontext verwendet werden soll, kann durch folgende Fragen bestimmt werden:

  o Wie muss diese Person sein, damit sie die von mir gewünschten Maßnahmen ergreift?

85

- o In welchen subjektiven Geisteszuständen muss sich die Person befinden, um diese Maßnahmen ergreifen zu wollen?
- o Welche Vorteile ergeben sich daraus für die Person?
- o Was ist das Ergebnis?

- Manchmal sind Übungen zur Frame-Stärkung erforderlich. Dazu gehören folgende:

  - o Vermeiden Sie es, zu fluchen oder Schimpfwörter zu verwenden.
  - o Halten Sie sich an eine Einkaufsliste.
  - o Gehen Sie jeden Tag zur selben Uhrzeit ins Bett und stehen Sie jeden Morgen zur selben Uhrzeit auf.
  - o Trainieren Sie jeden Tag.
  - o Setzen Sie sich konkrete Lebensziele.
  - o Knüpfen Sie Kontakte, jedoch nicht zu viele.
  - o Bringen Sie andere Menschen zum Lächeln.
  - o Nehmen Sie an einem Schauspielkurs teil.
  - o Machen Sie Tai-Chi in der Öffentlichkeit.
  - o Machen Sie sich vor jeder Unterhaltung Ihre Absichten bewusst.

- Es gibt eine Vielzahl von NLP-Frames, dazu gehören:

  - o Ergebnis-Frame
  - o Ökologie-Frame
  - o Was-wäre-Frame
  - o Rückzugsframe
  - o Relevanz-Frame
  - o Kontrast-Frame
  - o Offener Frame

- Durch das Re-Framing werden unsere Gedanken in eine andere Perspektive verschoben, die sich aus der Neuklassifizierung und Neudefinition des Referenz-Frames ergeben (Hall, 2010).

- Die Frame-Kontrolle kann verwendet werden, um andere Menschen zu überzeugen, indem Verhaltenskonsistenz durch Kongruenz von Gesichtsgesten, Tonfall und Körpersprache demonstriert wird, um letztendlich Menschen dazu zu bringen, es Ihnen gleichzutun (Your Charisma Coach, 2020).

- Die Russell-Brand-Methode zur Frame-Kontrolle umfasst ein starkes Glaubenssystem, eine selbstbewusste Körpersprache, einen klaren Geisteszustand, in dem man sich nicht von seinen Emotionen überwältigen lässt sowie die Fähigkeit, die Worte eines anderen Menschen auszunutzen.

- Um die Kontrolle über Ihren eigenen Verstand zurückzugewinnen, müssen Sie das Unbeobachtete herausfordern und eine neue Diskussion führen.

Im nächsten Kapitel erfahren Sie alles über Hypnose und NLP Duo.

KAPITEL 7:

Hypnose und die Macht von NLP

Wie Hypnose und NLP zusammenarbeiten

Hypnose und NLP arbeiten zusammen, indem beide den Geist und das Verhalten einer Person durch ihr Unterbewusstsein und ihr Bewusstsein auf ähnliche Weise beeinflussen. Da das Unterbewusstsein unsere Gedanken, Verhaltensweisen, Handlungen etc. beeinflussen kann und umgekehrt, wird das Programmieren oder Umstrukturieren des Geistes durch Hypnose- und NLP-Techniken sehr effektiv. Sowohl NLP- als auch Hypnose-Techniken verwenden Körpersprache und Tonfall, um das Unterbewusstsein einer Person in einen beeinflussbareren Zustand zu versetzen. In diesem Zustand fällt es dem Hypnotiseur bzw. dem NLP-Experten leichter, die Person dazu zu bringen, seine Wünsche zu befolgen. Darüber hinaus steigt die Wirksamkeit von NLP, wenn eine Person hypnotisiert wird, da diese offener für Einflussnahme, Vorschläge und Anleitungen wird. Wenn ein Mensch durch NLP neu programmiert wird, erwirbt sein Unterbewusstsein neue Denk- und Gefühlsweisen in Bezug auf alltägliche Erfahrungen. Interessant ist, dass die Hypnose das Unterbewusstsein eines Menschen nutzt, um seinen Geist zu beeinflussen, während NLP-Techniken den Geist so programmieren, dass das Unterbewusstsein diszipliniert wird, um effizienter auf tägliche Ereignisse zu reagieren. Kurz gesagt, NLP-Techniken beeinflussen das Bewusstsein, um das Unterbewusstsein zu kontrollieren, während Hypnose das Unterbewusstsein beeinflusst, um dann den bewussten Teil unseres Gehirnes zu beeinflussen. Die Kombination dieser beiden Praktiken ist eine wirksame Methode zur Verbesserung des Lebens eines Menschen.

Regeln der Hypnose

Obwohl NLP und Hypnose in ihren jeweiligen Methoden und Ergebnissen sehr ähnlich sind, haben Hypnose-Experten eine etwas freiere Hand, um den Geist einer Person zu beeinflussen, da diese in Bezug auf die Anwendung und Praxis weniger „nach Drehbuch" gesteuert sind. Bei der Hypnose gibt es weniger Voraussetzungen, die die Hypnose-Praxis charakterisieren, wodurch mehr Spielraum ermöglicht wird. Trotzdem gibt es bei der Hypnose einige wichtige Regeln, die zu ihrer Wirksamkeit beitragen. Laut Casale lauten diese Regeln wie folgt (2012):

- Hypnotisieren Sie keine Person, die an Epilepsie oder einer psychischen Erkrankung leidet oder auf andere Weise erkrankt ist.
- Versuchen Sie nicht, unbewusste Veränderungen zu konstruieren.
- Lassen Sie die Spielchen weg und betrügen Sie den Patienten nicht.
- Vermeiden Sie unerwartete Reaktionen, die aufgrund unerwarteter Umweltveränderungen zu Panik führen können. Es ist wichtig, auf diesen Aspekt zu achten, da die Umweltempfindlichkeit des Einzelnen erhöht wird.
- Stellen Sie sicher, dass die Person frei von jeglichen induzierten Überzeugungen ist, wenn Sie die Person aus der Trance nehmen.
- Nehmen Sie sich Zeit in einer sicheren und kontrollierten Umgebung.
- Behandeln Sie Hypnose als Entspannungsinstrument, nicht als Unterhaltungsspielerei.

Diese Regeln für die Hypnose-Praxis sind aus verschiedenen Gründen notwendig. Einer dieser Gründe besteht darin, Patienten auf ethische Art und Weise und mit größtmöglichem Respekt und Rücksichtnahme zu behandeln. Behandeln Sie sie genauso, wie Sie es sich von einem Hypnotiseur oder NLP-Experten erhoffen würden. Ein weiterer Grund für die Hypnoseregeln besteht darin, dass sichergestellt werden muss, dass alle Beteiligten vor, während und nach der Sitzung sicher und gesund sind. Diese Absicherung ist notwendig, um Misshandlungen gegenüber einzelnen Personen sowie möglichen Missbrauch der Praxis zu verhindern. Andernfalls können weniger wünschenswerte Ergebnisse auftreten. Die Hypnose-Regeln helfen dabei, ihre Anwendung zu strukturieren und zu ethisch fundierteren Ergebnissen und Vorteilen zu kommen.

Hypnose-Techniken einrichten, vorbereiten und induzieren

Zusätzlich zu den Hypnose-Regeln werden Hypnose-Techniken auch durch Einrichtung, Vorbereitung und Induzieren durch den Hypnotiseur unterschieden. Dies ist notwendig, um das Individuum, welches sich der Hypnose unterzieht, in die richtige Stimmung zu bringen. Um die Hypnosesitzung einzuleiten, muss ein **Umfeld** geschaffen werden, dass dafür sorgt, dass sich die zu hypnotisierende Person entspannen kann. Dazu muss sichergestellt werden, dass sich die Person in einer bequemen und normalerweise sitzenden Position befindet, damit sie ruhig und entspannt sein kann. Hypnotiseure benutzen zum Beispiel oft eine bequeme Couch. Darüber hinaus ist es wichtig, dass der Hypnotiseur darauf achtet, dass keine unerwarteten Unterbrechungen, wie ein plötzliches Klopfen an der Tür, auftreten, da diese die Hypnose stören und die zu hypnotisierende Person zu schnell aus ihrem Zustand bringen und sie unbewusst beeinflussen können. Am wichtigsten ist, dass die zu hypnotisierende Person ihrem Hypnotiseur vertraut, da sonst der Versuch weniger erfolgreich verläuft. Ist dies nicht der Fall, dann ist die zu hypnotisierende Person nicht davon überzeugt, dass der Hypnotiseur die Hypnose effektiv ausführen kann.

Für die Praxis der Hypnose ist es auch wichtig, die zu hypnotisierende Person vor Beginn der Sitzung vorzubereiten. Diese **Vorbereitungsphase** umfasst alle Aspekte, um die zu hypnotisierende

Person empfänglich für die anschließende Hypnose zu machen.
Bei der Hypnose geschieht dies so, indem die zu hypnotisierende
Person verwirrt wird, was sie beeinflussbarer macht, weil ihr präf-
rontaler Kortex zu beschäftigt damit ist, die Verwirrung zu verstehen (Casale, 2012). Es ist fast so, als würde man einen Telemarketer
absichtlich verwirren, um ihn davon abzulenken, Ihnen etwas zu
verkaufen, das Sie nicht wirklich brauchen. Zum Beispiel könnte
ich eine schlechte Grammatik verwenden, um eine Person abzulenken oder ihr eine unsinnige Frage stellen. Wird dies getan, so
wird die zu hypnotisierende Person bis zu jenem Punkt verwirrt,
an dem sie noch beeinflussbarer wird, da unser Gehirn nicht dazu
in der Lage ist, die verwirrende Botschaft bzw. den verwirrenden
Vorschlag korrekt herauszufiltern.

Sobald dieses Stadium erreicht wurde und das Individuum
vorbereitet ist, ist es an der Zeit, die Hypnose zu induzieren. Dies
geschieht, indem die zu hypnotisierende Person angewiesen wird,
sich schrittweise immer mehr zu entspannen, bis sich ihr gesamter
Körper in einem Zustand der völligen Entspannung befindet. Zum
Beispiel kann der Hypnotiseur rückwärts von zehn auf null zählen
mit dem Ziel, die Gefühle der Ruhe und Stille des Individuums zu
erhöhen. Der Hypnotiseur benutzt insbesondere Visualisierungs-
techniken sowie eine Bildsprache, indem er die Person darum bittet, sich vorzustellen, sich in einer bestimmten Umgebung zu
entspannen, während der Hypnotiseur ruhig rückwärts zählt.

Das Induzieren einer Hypnose erfordert, dass der Hypnotiseur
eine ruhige Stimme verwendet, während er positive Wörter und
Sätze mit einer positiven Struktur sagt, um die beabsichtigte Bedeutung der Nachricht sicherzustellen. Es geht um das Individuum, seinen subjektiven Geisteszustand und seine subjektive
Erfahrung. Wenn sich die zu hypnotisierende Person aus irgendeinem Grund unwohl fühlt, muss die Sitzung beendet werden, indem die Person vorsichtig aus der Hypnose geweckt wird.

Die Verwendung von Hypnose und magischer suggestiver Sprache

Die Hypnose erfordert die Kraft der Suggestion durch Sprache. Wie wir gesehen haben, kann uns die Sprache beeinflussen. Wir haben gelernt, dass es nicht nur darum geht, was gesagt wird, sondern auch darum, wie es gesagt wird. Mit anderen Worten ausgedrückt: Die Art und Weise, wie die beabsichtigte Bedeutung geframt und charakterisiert wird, kann beeinflussen, wie der Empfänger eine Nachricht aufnimmt. Wenn ich zum Beispiel Richtlinien anstelle von Vorschlägen verwende, um jemanden zum Handeln zu überreden, gibt es weniger Interpretationsfreiheit, da die Richtlinie spezifischer ist. Wenn ich jemanden anweise, sein Zimmer aufzuräumen, dann ist dies spezifischer, als wenn ich dies indirekt durch eine mehrdeutige Sprache vorgeschlagen hätte, die Raum für Interpretationen lässt, wie zum Beispiel der Satz „Mach es einfach". Andererseits kann das Vorschlagen einer Vorgehensweise durch eine unspezifische Sprache einflussreicher und wirkungsvoller sein, da dadurch Raum für die Personalisierung der beabsichtigten Bedeutung bleibt, weil mehr Raum für die Interpretation vorhanden ist.

Wie bereits erwähnt, besteht die Magie der suggestiven Sprache darin, dass sie mit ihrer gezielten Unbestimmtheit viel Raum für Interpretationen lässt. Zum Beispiel ermöglicht der Nike-Slogan „Just Do It" dem Einzelnen, diese Worte bewusst ernst zu nehmen. Gleichzeitig ermöglicht der Slogan der Person, unbewusst und spezifisch eine Bedeutung in Bezug auf ihre aktuelle Situation und ihren aktuellen Kontext zu entwickeln (Evolution Development, o. J.). In ähnlicher Weise ist Fernsehwerbung dafür bekannt, einflussreich und suggestiv zu sein, da ihre vage Sprache eine Person zum Kauf von Produkten oder Dienstleistungen überredet.

Zusammenfassend lässt sich sagen, dass eine vage Sprache suggestiver und einflussreicher sein kann, weil sie auf das Unter-

bewusstsein einer Person abzielt. Dies ist bei der Hypnose hilfreich, da der Hypnotiseur Vorschläge in den Geist der zu hypnotisierenden Person einbringen kann. Bei der Hypnose ist die
Sprache spezifisch vage, jedoch absichtlich einflussreich gehalten,
wobei Aktionsverben und andere Wörter suggestiv verwendet werden.

Das Milton-Modell

Das **Milton-Modell**, das vom Hypnotherapeuten Milton H.
Erickson stammt, verwendet ebenfalls eine suggestive Sprache.
Erickson nutzte die Sprache in seiner Praxis effektiv, um schneller
Ergebnisse zu erzielen als bei der traditionellen Therapie. Indem
das Milton-Modell - praktisch angewandt - mehrdeutige, jedoch
einflussreiche Sprachmuster erfordert, hilft es dem Patienten dabei, seine eigene Bedeutung aus der Kommunikation abzuleiten
und sie dann auf seine Erfahrung der Realität anzuwenden. Diese
personalisierte Interpretation kann dann für die Ziele des Patienten nützlich sein, da sie die Maßnahmen steuert, die der Patient
benötigt, um therapeutische Ergebnisse zu erzielen. Kurz gesagt,
die Verwendung des Milton-Modells in den Bereichen Therapie,
Hypnose oder NLP ist ein wirksames Instrument, um dem Individuum Maßnahmen zu entlocken.

Gefahren der Hypnose

Hinsichtlich Manipulation und Kontrolle sind die Gefahren
der Hypnose sehr real. Dies liegt daran, dass einige Hypnotiseure
keine positiven Absichten hegen, während andere einfach nicht
über das Wissen verfügen, was dem Empfänger unbeabsichtigten
Schaden zufügt. Laut Tyrrell umfasst die dunkle Seite der Hypnose, die ethische Hypnotiseure beachten müssen, folgende Aspekte (2015):

- den Willen der zu hypnotisierenden Person wegnehmen
- fragwürdige Absichten des Hypnotiseurs
- falsche Erinnerungen konstruieren

- Halluzinationen verursachen
- unerwünschte Telepathie
- die „Essenz" oder den Charakter des Individuums verletzen

Die mit Hypnose verbundenen Risiken und Gefahren verlangen, dass die höchsten ethischen und moralischen Standards angewendet werden müssen, um zu vermeiden, dass der Einzelne dadurch psychisch, emotional oder sogar physisch geschädigt wird. Ein solcher Schaden kann nicht nur die zu hypnotisierende Person belasten, sondern auch ihr Unterbewusstsein nachhaltig prägen und sich nachteilig auf ihren Alltag auswirken. Wenn der Hypnotiseur oder Hypnose-Therapeut über mangelnde Integrität und Mitgefühl verfügt, kann die zu hypnotisierende Person direkte Auswirkungen auf ihr Leben spüren, wie zum Beispiel den Verlust der Familie, der Arbeit oder der psychischen Gesundheit. Daher ist es wichtig, Hypnose auf ethische Art und Weise zu praktizieren, damit negative Konsequenzen für alle Beteiligten vermieden werden.

Widerstand gegen Hypnose

In diesem Sinne ist es manchmal notwendig, Widerstand gegenüber der Hypnose aufzubauen, wenn diese verdeckt bei Ihnen und ohne Ihre Erlaubnis angewendet wird. Zum Beispiel beinhaltet der Konsumismus die Verwendung allgegenwärtiger hypnotischer Werbung, die unterschwellige Nachrichten enthält, um Sie ohne Ihre Erlaubnis dazu zu bringen, Ihr hart verdientes Geld für ein bestimmtes Produkt oder eine bestimmte Dienstleistung auszugeben. Zu wissen, wie Sie sich verteidigen können, bevor eine solche Situation eintritt, ist die beste Möglichkeit, die Sie haben, um der Versuchung einer Hypnose zu widerstehen. Einige der besten Abwehrmechanismen, die Ihnen dabei helfen, den starken Auswirkungen der Hypnose zu widerstehen, sind (David, 2010):

- Kenntnis und Bewusstsein der Selbst- und Psychologiemanipulation

- Wiederholung der Gedanken des Hypnotiseurs für mehr Klarheit
- sich weigern, Informationen über sich selbst weiterzugeben
- Entscheidungen verschieben, bis die Erfahrung vorbei ist
- keine externen Interessen oder Kontakte aufgeben
- Vermeiden Sie es, mit Menschen zusammen zu sein, die Schuldgefühle verstärken.
- mindestens einen kritischen Freund haben, der keine Angst hat, an der Richtigkeit von Fakten zu zweifeln, die Ihnen oder ihm präsentiert werden
- Informationen einholen, bevor Sie sich einer Gruppe anschließen

Es ist auch wichtig, Ihre persönlichen Grenzen zu schützen und zu verteidigen. Andernfalls könnten Hypnotiseure, die sich auf unethische Art und Weise auf dunkle Hypnose-Techniken einlassen, Ihre Gefühle, Gedanken und Verhaltensweisen manipulieren, sobald sie Ihre Abwehrkräfte überwinden. Um dies zu vermeiden, müssen Sie Ihre persönlichen Grenzen wie einen Schutzschild auf jede erdenkliche Art und Weise um Sie herum aufbauen. Auf diese Weise kann es nicht passieren, dass zwielichtige und fragwürdige Dinge Ihre Integrität als Individuum beeinträchtigen. Es ist auch wichtig, zu beachten, dass einige dieser Widerstandstechniken Übung erfordern, damit Sie sich gegen böse Hypnotiseure zur Wehr setzen können.

Möglichkeiten, wie Hypnotiseure den Widerstand brechen

Andererseits gibt es Möglichkeiten, wie Hypnotiseure den Widerstand der zu hypnotisierenden Person gegen ihre Hypnotisierungsversuche brechen können. Zum Beispiel kann der Hypnotiseur die Person von vertrauten Umgebungen, wie Familie und Freunden, isolieren. Dies hilft dabei, den Widerstand dieser Person zu brechen, da sie sich in einem unbekannten Umfeld befindet, wodurch sie anfälliger für äußere Einflüsse wird. Einige andere Möglichkeiten, wie Hypnotiseure den Widerstand brechen, sind (David, 2010):

- der Person bedingungslose Akzeptanz von einer freundlichen Gruppe von Menschen vorgaukeln
- die Person von widersprüchlichen Ideen isolieren
- eine falsche Autoritätsperson, die anscheinend über besondere Kenntnisse verfügt und daher von anderen Personen um Rat gefragt wird
- eine falsche Philosophie, die alle Antworten auf Ihre Fragen zu haben scheint
- die Person mit Aktivitäten überfordern, die zu einer geringeren Autonomie des Denkens oder Handelns führen
- Bereitstellung eines falschen Gefühls des „wir" gegen „sie"
- Verwendung verdeckter Hypnose-Techniken

Es ist jedoch möglich, sich dem Hypnotiseur zu widersetzen, der versucht, das Individuum einer Gehirnwäsche zu unterziehen, wenn dieses zuvor über die Praxis informiert ist. Wissen ist der Schlüssel! Wenn Sie nicht wissen, was Sie verletzen kann, werden Sie möglicherweise zu einem Werkzeug oder einer Schachfigur für die Vorteile und Ziele der Hypnotiseure. Weitere Forschung ist erforderlich, um Menschen vor unangemessenem Einfluss, Kontrolle und manipulativen Kräften zu schützen.

Verdeckte Hypnose-Trance-Zeichen

In Bezug auf manipulative Kräfte enthält die verdeckte Hypnose zahlreiche Anzeichen dafür, dass sich das unwissende Individuum auf dem Weg in einen Trance-Zustand befindet oder bereits in Trance ist. Zum Beispiel deutet die Erweiterung der Pupillen darauf hin, dass die Trance allmählich Wirkung zeigt, da diese auf eine Entspannung in den Augen einer Person hinweist. Es ist wichtig, diese Anzeichen zu kennen, da bei der zu hypnotisierenden Person etwas ausgelöst werden kann, was sie später bereuen könnte. Einige weitere Trance-Anzeichen einer verdeckten Hypnose sind (Mask, 2020):

- Veränderungen des Pulses
- Veränderungen der Atemmuster
- Gesichtszüge, die sich entspannen
- absorbierte Aufmerksamkeit
- Änderungen in Bezug auf den Blinzel-Reflex
- Die Augenlider werden schwerer.
- Die Person wird bewegungslos.
- unwillkürliche Muskelzuckungen

Wenn Sie die Trance-Anzeichen bei einer verdeckten Hypnose kennen, können Sie sich besser davor schützen und erkennen, ob und wann Sie in Trance geraten. Jede Person, die diese physischen Trance-Zeichen kennt und erkennen kann, ist besser dafür gerüstet, um unethischen Hypnosepraktiken zu widerstehen. Darüber hinaus erhält das Individuum mehr Kontrolle über seine eigenen Reaktionen auf den Hypnoseversuch und reagiert angemessen, indem es rechtzeitig aus dem Hypnoseversuch ausbricht, bevor möglicherweise schädliche Dinge passieren. Es ist wichtig, sich daran zu erinnern, dass die Ziele und Ergebnisse von Hypnose- und NLP-Techniken für den Einzelnen konstruktiv und vorteilhaft und nicht destruktiv sein sollten.

Zusammenfassung des Kapitels

In diesem Kapitel haben Sie gelernt, wie Hypnose und NLP zusammenarbeiten können, um den Geist zu beeinflussen und wie Hypnose mit suggestiver Sprache das Unterbewusstsein einer Person beeinflussen kann. Wir haben die Gefahren der Hypnose besprochen und warum es manchmal wichtig ist, dem Versuch des Hypnotiseurs zu widerstehen, wenn er eine unethische verdeckte Hypnose praktiziert. Darüber hinaus wurden Sie über verschiedene Möglichkeiten aufgeklärt, wie Hypnotiseure den Widerstand einer Person brechen können. Es ist auch wichtig, sich der Trance-Anzeichen einer verdeckten Hypnose bewusst zu sein, um sich vor

unangemessenem Einfluss zu schützen. Um Ihr Gedächtnis aufzufrischen, sind hier nochmals einige wichtige Punkte aus diesem
Kapitel aufgeführt:

- Hypnose und NLP wirken zusammen, indem sie den Geist
  und das Verhalten des Individuums durch das Unterbewusstsein und das Gewissen beeinflussen.
- Die Regeln der Hypnose bestehen darin, den Einzelnen
  ethisch zu behandeln und zu beeinflussen, um das gewünschte Ergebnis zu erzielen.
- Das Einrichten, Vorbereiten und Induzieren von Hypnose
  ist entscheidend für die Ziele und Ergebnisse der Hypnose.
- Eine vage Sprache kann suggestiver und einflussreicher
  sein, weil sie auf das Unterbewusstsein des Einzelnen abzielt.
- Das Milton-Modell wurde entwickelt, um durch die Verwendung mehrdeutiger, jedoch einflussreicher Sprachmuster Zustimmung bei einer Person zu erreichen.
- Die mit Hypnose verbundenen Risiken und Gefahren erfordern, dass die höchsten ethischen und moralischen
  Standards angewendet werden müssen, um zu vermeiden,
  dass der Einzelne dadurch psychisch, emotional oder sogar
  physisch geschädigt wird.
- Der Aufbau einer Resistenz gegen Hypnosetechniken ist
  notwendig, wenn diese verdeckt und ohne Ihre Erlaubnis
  angewendet werden.
- Einige Möglichkeiten, der Hypnose zu widerstehen, sind
  (David, 2010):
  - Kenntnis und Bewusstsein von Selbst- und psychologi-
    scher Manipulation
  - Wiederholung der Gedanken des Hypnotiseurs für
    mehr Klarheit
  - sich weigern, Informationen über sich selbst weiterzu-
    geben

- Entscheidungen verschieben, bis die Erfahrung vorbei ist
  - keine externen Interessen oder Kontakte aufgeben
  - Vermeiden Sie es, mit Menschen zusammen zu sein, die Schuldgefühle verstärken.
  - mindestens einen kritischen Freund haben, der keine Angst hat, an der Richtigkeit von Fakten zu zweifeln, die Ihnen oder ihm präsentiert werden
  - Informationen einholen, bevor Sie sich einer Gruppe anschließen

- Ebenso wichtig ist es, zu wissen, wie Hypnotiseure den Widerstand brechen können, da dies dem Einzelnen helfen kann, nicht zu einem Werkzeug für geheime Pläne und Absichten zu werden.
- Einige andere Möglichkeiten, wie Hypnotiseure den Widerstand brechen, sind (David, 2010):
  - der Person bedingungslose Akzeptanz von einer freundlichen Gruppe von Menschen vorgaukeln
  - die Person von widersprüchlichen Ideen isolieren
  - eine falsche Autoritätsperson, die von anderen um Rat gefragt wird, weil sie offenbar über besondere Kenntnisse verfügt
  - eine falsche Philosophie, die alle Antworten auf Ihre Fragen zu haben scheint
  - die Person mit Aktivitäten überfordern, was zu einer geringeren Autonomie des Denkens oder Handelns führt
  - Bereitstellung eines falschen Gefühls des „wir" gegen „sie"
  - Verwendung verdeckter Hypnose-Techniken

- Das Wissen in Bezug auf die Trance-Anzeichen einer verdeckten Hypnose kann dazu beitragen, dass der Einzelne nicht auf unethische Art und Weise dazu gebracht wird, zwielichtige Dinge zu tun oder sich daran zu beteiligen.

- Einige Trance-Anzeichen einer verdeckten Hypnose sind (Mask, 2020):

  - Pupillenerweiterung
  - Veränderungen des Pulses
  - Veränderungen der Atemmuster
  - Gesichtszüge, die sich entspannen
  - absorbierte Aufmerksamkeit
  - Änderungen in Bezug auf den Blinzel-Reflex
  - Die Augenlider werden schwerer.
  - Eine Person wird bewegungslos.
  - unwillkürliche Muskelzuckungen

Im nächsten Kapitel lernen Sie leistungsstarke Sprachmuster kennen, die auf dem Milton-Modell basieren.

KAPITEL 8

Miltons Modell des mächtigen Einflusses

Die Interpretation des Milton-Modells

Das Milton-Modell ist der Prototyp für eine suggestive hypno-tische Kommunikation, die auf Milton Ericksons absichtlich vagen und mehrdeutigen Sprachgebrauch basiert, der das Unterbewusst-sein des Patienten aktiviert und seine eigene Interpretation der empfangenen Nachricht extrahiert. Genauer gesagt ist das Milton-Modell das Kommunikationsmedium, das den Klienten und sein Unterbewusstsein zum Handeln beeinflussen kann, indem es seine eigene individuelle Bedeutung von Wörtern ableitet, die während einer Hypnose- oder Hypnotherapie-Sitzung auftauchen. Die Ver-wendung des Milton-Modells während der Hypnose erzeugt beim Klienten einen Zustand fokussierter Aufmerksamkeit, wobei der Klient mit dem Versuch beschäftigt ist, die Bedeutung einer un-spezifischen Sprache zu interpretieren. Dies wiederum schafft ei-nen erhöhten Zustand der Suggestibilität aufgrund der Verwendung von „Metaphern für kunstvoll vage Vorschläge" durch das Milton-Modell (Excellence Assured, o. J.).

Das Milton-Modell kann in drei Komponenten unterteilt wer-den, die dem Einzelnen dabei helfen, seinen Prozess zu verstehen. Diese drei Komponenten sind Rapport, Überlastung der bewuss-ten Aufmerksamkeit sowie indirekte Kommunikation („Methoden der Neurolinguistischen Programmierung", 2019). Diese drei Komponenten arbeiten zusammen, um eine Trance zu induzieren, indem sie mit dem Unterbewusstsein des Individuums in Kontakt treten. Beispielsweise unterstützt die erste Komponente (der Rap-port) die Empfänglichkeit zwischen dem Klienten und dem Hyp-notiseur durch bestimmte NLP-Techniken, wie beispielsweise das

Spiegeln. Dieses Verhältnis ermöglicht es dem Hypnotiseur, den Klienten bei der Transformation seines subjektiven Geisteszustandes zu führen, was uns zur zweiten Komponente des Milton-Modells führt: Überlastung der bewussten Aufmerksamkeit des Klienten.

Die **Überlastung** der bewussten Aufmerksamkeit des Klienten erfolgt durch die Verwendung einer absichtlich vagen und mehrdeutigen Sprache, bei der das Bewusstsein versucht, die Bedeutung des gerade Gesagten herauszufinden. Diese Aktion lenkt die Aufmerksamkeit des Bewusstseins der Person effektiv ab. Es ist diese Ablenkung, die es dem Unterbewusstsein ermöglicht, zu gedeihen, was zur dritten Komponente des Milton-Modells führt, der indirekten Kommunikation.

Die **indirekte Kommunikation** greift in diesem Sinne nicht nur auf das Unterbewusstsein zu, sondern lenkt es auch in das volle Bewusstsein - mit der Kraft der Suggestion, die in die Sprache eingebettet ist, die während der Hypnosesitzung verwendet wird. Dies liegt daran, dass die unspezifische Sprache es dem Patienten ermöglicht, seine eigene Bedeutung daraus zu ziehen, weshalb das Milton-Modell wie ein Zauber wirkt. Beim Milton-Modell hilft jede Komponente der anderen, Erfolge zu erzielen, insbesondere in Bezug auf Ergebnisse, die sich der Klient wünscht.

Wie bereits erwähnt, wurde das Milton-Modell von Milton Erickson beeinflusst, der als „Vater der Hypnotherapie" gilt. Erickson war zu seiner Zeit ein führender Experte und beteiligte sich während seines Berufslebens an vielen beruflichen Unternehmungen. Einige dieser beruflichen Bemühungen umfassten die Gründung der American Society of Clinical Hypnosis, Vorträge und Seminare sowie die Führung einer Privatpraxis. Erickson beschäftigte sich weiterhin mit seiner Arbeit, als er durch seine Erfolge bekannt wurde.

Darüber hinaus spiegelt das Milton-Modell Ericksons Verwendung einer mehrdeutigen Sprache wider, um den Klienten dazu zu bringen, eine Bedeutung zu extrahieren, die für diese Person und ihre aktuelle Situation am besten geeignet ist. Dies ermöglichte es Erickson, einen Trance-Zustand bei einer Person zu induzieren sowie zu nutzen und dieser Person anschließend dabei zu helfen, ihre Probleme zu überwinden und praktische Ergebnisse zu erzielen. Aufgrund dieses Erfolges wurde Ericksons Lehre von Richard Bandler und John Grinder studiert, die schließlich das Milton-Modell gemäß den Mustern der hypnotischen Techniken von Milton Erickson schufen.

Obwohl das Milton-Modell auf Ericksons Arbeit basiert, musste Erickson selbst auf diesem Gebiet auch von seinen Kollegen lernen. Zum Beispiel lernte Erickson, das Unterbewusstsein des Klienten hoch einzuschätzen und es mit Respekt zu behandeln, indem er den Beispielen seiner Kollegen folgte. Erickson glaubte auch, dass hinter jeder Handlung eine positive Absicht steckt und er stützte diese Überzeugung darauf, wie Menschen angesichts der ihnen zur Verfügung stehenden Ressourcen die vorteilhafteste Wahl treffen, die sie (zeitlich gesehen) treffen können. Ein weiterer wichtiger Punkt ist, dass Erickson die Realität seiner Klienten äußerst wertschätzte. Erickson respektierte seine Klienten, was möglicherweise die allgemeine Vorannahme beeinflusste, dass es keine unflexiblen Klienten gibt - nur unflexible Praktiker.

Kurz gesagt, das Milton-Modell wurde von ihm selbst beeinflusst und wird in der Hypnotherapie praktiziert. Da Erickson bei seinen Patienten eine vage und mehrdeutige Sprache verwendete, um die gewünschten Ergebnisse zu erzielen, gilt dies auch für sein berühmtes Modell. Erickson war ein Meister darin, „den Kontext mit so wenig Inhalt wie möglich zu versehen, damit seine Klienten dann das Bild malen können" (NLP World, o. J.). In ähnlicher Weise stellt das Milton-Modell sicher, dass die relevanteste Bedeutung aus der Sprache hervorgeht, die den Kontext umrahmt.

Schließlich wird das Milton-Modell und seine unspezifische, jedoch suggestive Sprache heutzutage so häufig in Bereichen wie Psychologie, Recht, Wirtschaft und Werbung verwendet, dass es manchmal schwierig ist, dies zu bemerken. Das liegt auch daran, dass wir dazu konditioniert wurden, es als alltäglich zu akzeptieren. Wenn Sie das nächste Mal ins Kino gehen und sich vorher die Werbung ansehen, beachten Sie daher die vage und suggestive Sprache und wie Sie darauf reagieren. Versuchen Sie Ihr Bestes, um nicht von der Werbung beeinflusst zu werden.

Leistungsstarke Sprachmuster des Milton-Modells

Leistungsstarke Sprachmuster innerhalb des Milton-Modells können Gedanken und Verhaltensweisen allein durch ihre Existenz strukturieren, beeinflussen und manipulieren. Wenn wir diese leistungsstarken Milton-Modell-Sprachmuster verwenden und auf unser tägliches Leben oder während einer Hypnosesitzung anwenden, beginnt sich unsere Denkweise zu ändern. Laut Elston wird der Empfänger dieser Sprachmuster beispielsweise beginnen, sich auf höhere Denkebenen zu bewegen, anstatt nur den Inhalt seiner Denkweise zu beschreiben (o. J.). Darüber hinaus fördern bestimmte Sprachmuster die Entspannung und andere Sprachmuster können dem Klienten dabei helfen, verschiedene Möglichkeiten mit einer umfassenderen Interpretation der Welt zu betrachten. Mit anderen Worten, manchmal kann die Perspektive den Unterschied ausmachen.

Die Sprachmuster des Milton-Modells bieten nicht nur diese Perspektive, sondern sind auch eine Sprache der Veränderung, die den Klienten dazu veranlasst, Maßnahmen zu ergreifen. Zum Beispiel deutet das Sprachmuster **Ursache-und-Wirkung** darauf hin, dass eine Sache über „Wenn [...], dann [...]" zu einer anderen führt. Dies ist hilfreich, um zu erfahren, wann der Klient handeln oder über den Effekt nachdenken muss, den etwas verursachen kann, wenn der Hypnotiseur die beiden Ideen in diesem Muster miteinander verbindet. Einige andere hilfreiche Sprachmuster des Milton-Modells sind (Elston, o. J.):

- **Gedankenlesen** - Bei diesem Sprachmuster tut man so, als hätte man Kenntnisse in Bezug auf die Gedanken einer anderen Person, ohne jedoch genau zu beschreiben, wie man zu diesem Wissen gekommen ist.

o „Ich weiß, dass du denkst, [...]."

- **Verlorene Performativität** - Vermittlung von Werturteilen, ohne die Quelle des Urteiles zu identifizieren

o „Gehen ist gut."

- **Doppelbindung** - Lädt zur Auswahl ein, obwohl es in Wirklichkeit keine Auswahl gibt.

o „Willst du jetzt oder später reden?"

- **Vorannahmen** - Das sprachliche Äquivalent von Annahmen

o „Wirst du heute oder später deine Perspektive ändern?"

- **Nicht spezifiziertes Verb** - Schlägt eine Aktion vor, indem man darauf angespielt, wie die Aktion stattfinden wird.

o „Sie hat das Problem verursacht."

- **Universeller Quantifikator** - Universelle Verallgemeinerungen ohne Referenzindex

o „jeder; niemand; alle"

- **Verwendung** - Berücksichtigt die gesamte Erfahrung des Hörers, um die Absicht des Sprechers zu unterstützen.

o Vielleicht öffnet ein Kollege während einer Sitzung versehentlich die Tür und der Praktizierende kann sagen: „Die sich öffnende Tür ist eine Gelegenheit, neue Ideen in Ihr Leben einzuladen."

- **Eingebettete Befehle** - Ein Befehl, der einen größeren Teil des Satzes bildet und durch Änderungen der Körpersprache gekennzeichnet ist, die das Unterbewusstsein des Hörers aufnimmt.

o „Ich werde nicht implizieren, dass Veränderung einfach ist."

- **Vergleichendes Löschen**- Ein Vergleich ohne spezifischen Bezug zu dem, was verglichen wird

o „Du wirst es mehr mögen."

Diese Liste ist keineswegs vollständig, da es viele andere leistungsstarke Sprachmuster des Milton-Modells gibt, die als Leitfaden für die Hypnosetherapie dienen. Es ist wichtig, zu beachten, dass diese mächtigen Sprachmuster zwar bewusst gelernt werden können, jedoch unbewusst praktiziert werden und stattfinden, da die Sprache selbst eine spontane und organische Aktivität ist. Darüber hinaus wird die Aneignung der Sprachmuster des Milton-Modells mindestens einige Jahre dauern, bis sich der Benutzer mit der Anwendung vertraut gemacht hat. Erickson selbst übte jahrelang, um mit Hunderten von Klienten zu kommunizieren und diese leistungsstarken Sprachmuster und -techniken zu verfeinern. Kurz gesagt, es ist natürlich wichtig, so viel wie möglich zu üben.

So wie das Erlernen einer neuen Sprache durch schriftliche und mündliche Kommunikation und Ausdrucksformen geübt wird, so gilt dies auch für das Erlernen der „Hypnose-Sprache". Es dauert Monate, die Sprachmuster mehr als ein paar Mal am Tag aufzuschreiben und sich fließend mit den Sprachmustern des Milton-Modells zu unterhalten. Sie werden nur dann erfolgreich sein, wenn Sie diese leistungsstarken Sprachmuster mühelos artikulieren können.

Die Sprachmuster im Milton-Modell sind aufgrund der Verwendung unspezifischer Sprache auf nahezu jede Situation anwendbar. Zu dieser unspezifischen Sprache gehören nicht spezifizierte Substantive, Verben und Adverbien sowie nicht spezifizierte Referenzindizes. Nicht spezifizierte Substantive und Verben zwingen den Klienten dazu, seine Vorstellungskraft einzusetzen, um Details, wie das „Wer" und „Wie", zu ergänzen. Dies ist nützlich, wenn der Sprecher zu detailliert oder spezifisch wird, was möglicherweise den Einfluss verringern und den Rapport unterbrechen kann. Zweitens zwingt uns die Verwendung nicht spezifizierter Referenzindizes (wie das Wort „dies") dazu, die Details zu raten und zusätzlich eine interne Entscheidung über das Satzthema zu treffen (Elston). Schließlich können wir durch die Verwendung nicht spezifizierter Verben und Adverbien innerhalb des „Milton-Modells der mächtigen Sprache" den Kontext mit unseren eigenen Erfahrungen und Kenntnissen füllen. Eine nicht spezifizierte Sprache ist führend und suggestiv, weil sie es dem Klienten ermöglicht, daraus seine eigene Bedeutung und seine eigenen Absichten abzuleiten, was den Klienten anschließend noch weiter beeinflusst und leitet.

Es ist klar, dass der kraftvolle Sprachgebrauch innerhalb des Milton-Modells die Richtung, Ziele und Ergebnisse einer Hypnotherapie-Sitzung beeinflussen kann. Außerdem wird der Klient an sich als direktes Ergebnis beeinflusst. Aus diesem Grund ist es wichtig, zu üben, wie man die leistungsstarke Sprache innerhalb des Milton-Modells angemessen verwendet. Zudem ist es wichtig, das Potenzial der Sprache nicht zu unterschätzen, auch wenn die verbale Sprache nur einen kleinen Teil der Kommunikation ausmacht. Bei der in der Therapie nach dem Milton-Modell verwendeten verbalen Sprache sind die Wörter genauso wichtig wie die nonverbale Sprache, die der Klient und der Praktiker während ihrer Interaktion verwenden.

Zusammenfassung des Kapitels

In diesem Kapitel haben Sie alles über die leistungsstarken Sprachmuster erfahren, mit denen das Milton-Modell die Therapie und den Klienten steuert, leitet und beeinflusst. Außerdem haben Sie das Milton-Modell selbst sowie dessen Urheber, Milton Erickson, kennengelernt. Um Ihr Gedächtnis aufzufrischen, sind hier nochmals einige wichtige Punkte aus diesem Kapitel aufgeführt:

- Das Milton-Modell ist der Prototyp für eine suggestive hypnotische Kommunikation, die auf Milton Ericksons absichtlich vagen und mehrdeutigen Sprachgebrauch basiert, der das Unterbewusstsein des Patienten aktiviert und seine eigene Interpretation der empfangenen Nachricht extrahiert.

- Die drei Komponenten des Milton-Modells sind Rapport, Überlastung der bewussten Aufmerksamkeit und indirekte Kommunikation.
- Wie bereits erwähnt, wurde das Milton-Modell von Milton Erickson beeinflusst, der als „Vater der Hypnotherapie" gilt.
- Die mächtigen Sprachmuster innerhalb des Milton-Modells führen unsere Denkweise auf höhere Ebenen, anstatt nur den Inhalt unseres Denkens zu beschreiben.
- Einige leistungsstarke Sprachmuster des Milton-Modells sind:

  o Gedankenlesen
  o verlorene Performativität
  o Doppelbindung
  o Vorannahme
  o nicht spezifizierte Verben
  o universaler Quantifizierer
  o Nutzung
  o eingebettete Befehle
  o vergleichendes Löschen

- Man muss üben, Hypnose durch schriftliche und mündliche Kommunikation zu erlernen.
- Eine nicht spezifizierte Sprache ist führend und suggestiv, weil sie es dem Klienten ermöglicht, daraus seine eigene Bedeutung und seine eigenen Absichten abzuleiten, was den Klienten anschließend noch weiter beeinflusst und leitet.

Im nächsten Kapitel erfahren Sie mehr über hypnotische Gespräche.

KAPITEL 9

Hypnotische Konversationen

Die Macht der Worte

Worte können sehr mächtig sein, weil sie unseren subjektiven Geisteszustand und unsere alltäglichen Erfahrungen beeinträchtigen können, indem sie unsere Gedanken, Verhaltensweisen, Reaktionen und Handlungen beeinflussen. Worte können sogar Emotionen auslösen und mit ihren Konnotationen und kontextuellen Interpretationen Erinnerungen hervorrufen. Worte können uns helfen, miteinander zu kommunizieren und uns zu verstehen. Darüber hinaus beeinflussen Wörter nicht nur, *was* wir denken, sondern auch, *wie* wir denken, da sie den Geist durch wiederholte Konditionierung strukturieren können. Ohne Worte wären unsere Welt und unsere Erfahrungen sehr unterschiedlich. Kurz gesagt, Worte sind eine der größten Errungenschaften der Menschheit.

Wörter sind so mächtig, dass sie uns auch bewusst oder unbewusst durch die Verwendung von Triggerwörtern beeinflussen können. **Triggerwörter** sind Wörter, die eine Person zum Handeln bewegen können. Beispielsweise können bestimmte Verben als Triggerwörter betrachtet werden, da sie auf eine Aktion verweisen, wie zum Beispiel das Wort „erinnern". Wenn Sie jemand bittet, sich an etwas zu erinnern, löst die Aktion, sich an vergangene Erfahrungen oder Ereignisse erinnern zu können, wiederum eine Erinnerung aus. Dies kann dann Emotionen hervorrufen, die mit der Erinnerung verbunden sind. Triggerwörter sind für die Hypnose wichtig, da dadurch der subjektive Geisteszustand des Individuums beeinflusst und manipuliert werden kann.

Wenn jemand Wörter in einer Konversation verwendet, um Sie dazu zu bewegen, auf eine bestimmte Art und Weise zu reagieren, zu antworten oder zu handeln, tritt eine **Konversationshyp-nose** auf. Die Konversationshypnose ist die Verwendung von Trig-gerwörtern in einer Konversation, die Reaktionen, Antworten und Aktionen auslösen können. Die Triggerwörter in einem Gespräch lösen Folgendes aus (NLP Training Dubai, o. J.):

- Sie aktivieren unsere Sinne.
- Sie regen die Fantasie an.
- Sie schaffen Assoziationen und Freundschaften.
- Sie helfen uns dabei, ein bestimmtes Bild in unseren Köp-fen zu visualisieren, das sich auf die Wörter bezieht.
- Sie schließen offene Themen ab.
- Sie bringen Menschen in Beziehungen näher zueinander.
- Sie haben die Kraft, uns abzulenken.
- Sie helfen uns dabei, Ideen zu korrelieren, die wir sonst möglicherweise verpassen.

Die Konversationshypnose ermöglicht es uns, auf einer tiefen Ebene zu kommunizieren, was uns dabei hilft, einflussreicher und überzeugender zu werden, indem wir das Unbewusste mit Körper-sprache, Gedanken und Worten ansprechen. Die Verwendung **heißer Wörter** kann den kritischen Faktor umgehen und das Unterbewusstsein des Individuums durchdringen, da sie emotio-nal stark genug sind, um beim Hörer eine Reaktion hervorzurufen. Zum Beispiel können Politiker, Motivationsredner und sogar Ihre Eltern heiße Wörter verwenden, um Sie zum Handeln zu bewegen. Einige heiße Wörter könnten enthalten (Mcleod, 2009):

- Kraftausdrücke
- Werturteile über sich selbst
- sensorische Wörter
- eine benannte Emotion
- Präzisionswörter
- Aktionswörter, die sich auf das Selbst beziehen
- Werturteile über andere

Die Kraft der Wörter in meiner eigenen Erfahrung war eine der Transformationen, weil ich durch das Erlernen der Verwendung bestimmter Wörter in verschiedenen Situationen positive Veränderungen in meinem Leben bewirken konnte. Positive Veränderungen, wie Bildung, Ehe und sogar Karriere, als Folge der einflussreichen Kraft der Worte, haben meine Lebenserfahrung bereichert. Es kommt darauf an, wie Sie Wörter verwenden, die Ihr Leben zum Besseren verändern können. Insbesondere bei Karrierewegen, bei denen die Menschen es sich zur Aufgabe gemacht haben, andere Personen zu beeinflussen, kann die Kraft der Worte entscheiden, ob jemand Erfolg hat.

Hypnotische Machtwörter, die Sie sich merken sollten

Wir verwenden jeden Tag hypnotische Machtwörter. Egal, ob Sie mit Ihrem Partner sprechen, Ihrer Mutter Nachrichten auf Facebook senden oder einen Brief an Ihren Brieffreund in einem anderen Land schreiben - **hypnotische Machtwörter** sind gewöhnliche Wörter, die in die häufig verwendete Sprache eingewoben sind. Sie sind wirklich nichts Besonderes. Sie müssen weder über einen Abschluss oder eine Zertifizierung verfügen, um sie verwenden zu können, noch müssen Sie Linguist sein, um sie zu benutzen. In der Tat sind Machtwörter ganz normal, doch das macht sie so besonders. Dies liegt daran, dass sie aufgrund ihres häufigen Gebrauches in den Bereichen Sprache und Kommunikation von Menschen allgemein akzeptiert und kaum infrage gestellt werden, was weniger Widerstand gegen ihre Verwendung bedeutet. Aus diesem Grund ist das, was alltägliche Wörter zu Machtwörtern macht, nicht unbedingt das, *was* Sie sagen, sondern *wie* Sie sie sagen.

Wie ich im vorherigen Kapitel erwähnt habe, können Machtwörter oder hypnotische Machtwörter Handlungen auslösen. Einige dieser Aktionen können Folgendes umfassen: Aktivierung unserer Sinne, Anregung unserer Vorstellungskraft oder Korrelation von Ideen. Es ist erstaunlich, wie viel passieren kann, wenn man alltägliche Machtwörter (wie das Wort „weil") verwendet. Zum Beispiel: *Weil ich viel Kaffee getrunken habe, kann ich effizienter arbeiten.* Insbesondere kann das Wort „weil" dazu beitragen, dass Ideen korrelieren und reibungsloser fließen. Dies kann bei der Konversationshypnose sehr nützlich sein, da sie dem Klienten dabei hilft, Ursache und Wirkung zu verstehen und nützliche Assoziationen zu schaffen.

Ein anderes hypnotisches Machtwort ist das Wort „und". Das Wort „und" kann dazu beitragen, dass Ideen und Gedanken aufeinander aufbauen und ein detaillierteres Bild für den Klienten zeichnen. Wenn Sie dieses Kapitel lesen, erwerben Sie mehr Wissen und Fähigkeiten. Das Wort „und" ist eine nützliche Verbindung, die Ideen und Phrasen verbindet und dem Klienten dabei helfen kann, Dinge in einer Beziehung zu koordinieren, um Harmonie und Effizienz herzustellen (Lexico, 2020). Dies ist hilfreich für die Konversationshypnose und den Alltag, da dieses Wort dazu beiträgt, dass der Einzelne Übereinstimmung und Einvernehmen findet.

Darüber hinaus ist das hypnotische Machtwort „während" eine weitere Konjunktion, mit der Ideen verbunden werden. Zum Beispiel: *Ich mache Pausen, während ich arbeite.* Dies ist hilfreich für die Konversationshypnose, da dieses Wort dazu beiträgt, Maßnahmen zu ergreifen, die geeignete Reaktionen beeinflussen können. Während Sie beispielsweise das Geräusch von Regen hören, der auf den Boden fällt, können Sie sich besser und tiefer entspannen.

Das Wort „vorstellen" ist ein weiteres starkes hypnotisches Wort, da es den Geist einer Person dazu anregt, ein Szenario zu visualisieren. Stellen Sie sich zum Beispiel vor, Sie erzielen Erfolg, nachdem Sie dieses Buch gelesen haben. Sogar die Band „The Beatles" schrieb ein Meisterwerk mit dem Titel „Imagine". Das Wort ermöglicht es einer Person auch, die Gefühle oder Gedanken zu erfahren, die sie haben möchte.

„Was bedeutet" ist eine effektive Machtphrase für die Konversationshypnose, da sie verwendet wird, um dem Klienten etwas genauer zu erklären oder zu definieren. Zum Beispiel: *Ich werde noch ein paar Perlen kaufen, was bedeutet, dass ich daraus ein Armband machen werde.* Der Ausdruck „was bedeutet" bestimmt den Charakter des vorangestellten Substantivs und zeigt die Menge, den Besitz oder die Nähe zum Sprecher an (Your Dictionary, o. J.). Dies ist hilfreich in der Konversationshypnose, da das Individuum mehr von dem verstehen kann, was der Hypnotiseur meint, indem er im zweiten Satz spezifischer wird.

Die Konversationshypnose enthält noch eine Reihe weiterer Wörter, um Reaktionen, Handlungen, Gedanken und Verhaltensweisen hervorzurufen. Einige andere hypnotische Machtwörter/-phrasen sind (Ledochowski, 2019):

- Tu einfach so
- umso mehr
- jedes Mal
- angeblich
- Erinnere dich
- Wie wäre es, wenn
- Finde dich selbst
- Stell dir vor
- Früher oder später

Hypnotische Machtwörter stimulieren das Unbewusste und induzieren eine Art von Handlung, da ihr starker Einfluss nicht nur darauf beruht, *was* gesagt wurde, sondern auch, *wie* es gesagt wurde. Darüber hinaus können hypnotische Machtwörter den Kontext für das Individuum bestimmen, was dazu beitragen kann, seine Gedanken, Gefühle, Handlungen und Verhaltensweisen zu lenken. Dies ist nützlich für den Hypnotiseur, der dann den Klienten und das Ergebnis der Hypnosesitzung manipulieren und kontrollieren kann.

Sind Sie ein Konversationshypnotiseur?

Konversationshypnotiseure sind Experten darin, jede Person zu beeinflussen, der sie begegnen. Sie wissen, wie sie Sie dazu bringen können, das zu tun, was sie wollen, weil sie Sie mit ihren Kontroll- und Manipulationstechniken überzeugen. Ihre Fähigkeiten wirken gut auf Ihr Unterbewusstsein, Ihre Gedanken, Gefühle und sogar Ihr Verhalten. Kurz gesagt, Konversationshypnotiseure wissen, wie sie Sie davon überzeugen können, sich dem Willen und den Absichten anderer zu unterwerfen, weil sie ihre natürlichen Talente als Einflussfaktoren nutzen. Allerdings musste selbst der erfahrenste Hypnotiseur lernen, bestimmte Fähigkeiten zu beherrschen, um Sie für sich zu gewinnen. Zum Beispiel ist eines der entscheidenden Elemente der Überzeugung die richtige Einstellung, die den wesentlichen Unterschied bei der Feststellung ausmachen kann, ob die Situation zunächst positiv ist.

Ein weiterer ausschlaggebender Aspekt erfolgreicher Konversationshypnotiseure ist ihre Fähigkeit, einflussreiche Machtwörter zu verwenden, da sie Ihrer Präsentation die Kraft und Energie verleihen können, um Wirkung zu erzielen. Die richtigen Wörter können bestimmen, ob und wie der Zuhörer auf die empfangene Nachricht reagiert. Zum Beispiel können Wörter, wie Vorstellen, Erkennen und Erinnern, eine Folge von Ereignissen auslösen, die das Unterbewusstsein zum Handeln anregen. Diese Wörter tun dies, indem sie in jene Region des Geistes eindringen, die am wahrscheinlichsten auf diese Wörter und ihre Konnotationen reagiert.

Das dritte entscheidende Element eines Konversationshypnotiseurs ist die Übereinstimmung zwischen Ihrer Körpersprache, Ihren Worten und Gedanken. Dies ist wichtig, da der Zuhörer Sie glaubwürdiger und vertrauenswürdiger findet, wenn Ihre verbale und nonverbale Körpersprache zueinander passen. Mit anderen Worten ausgedrückt: Ihre Worte und Handlungen müssen synchron sein. Andernfalls ist es weniger wahrscheinlich, dass der Empfänger Ihrer Nachricht sich auf das einlässt, wovon Sie ihn überzeugen möchten. Sie können nicht eine Sache tun, während Sie etwas anderes sagen.

Ein Konversationshypnotiseur hat viele Werkzeuge und Techniken in seinem Arsenal, die den Unterschied ausmachen können. Einige dieser Techniken umfassen:

- an Ihrer Einstellung arbeiten
- konsequent sein in dem, was Sie tun und sagen
- Aufbau einer Beziehung zu einer Person
- Befolgung der AFU-Formel:

  - Die **Aufmerksamkeit** auf sich ziehen.
  - Den kritischen **Faktor** umgehen.
  - Das **Unbewusste** stimulieren.

- Personen mit interessanten Geschichten fesseln
- sprachliche Brücken (wie, und) und Machtwörter nutzen
- Verwendung hypnotischer Themen, um die Stimmung zu beeinflussen
- Verwendung von heißen (oder emotionalen) Wörtern
- lernen, wie man Trance-Signale erkennt (Ledochowski, 2019):

  - entspanntes Gesicht
  - Erweiterung der Pupillen
  - Die Atmung verändert sich.
  - schwere Augenlider
  - mangelnde Bewegung

Damit diese Werkzeuge und Techniken funktionieren, ist es wichtig, eine Verbindung zu einer Person herzustellen. Andernfalls ist die Hypnose möglicherweise nicht so effektiv, da keine Verbindung zum Empfänger besteht. Wenn diese Verbindung hergestellt ist, kann der Konversationshypnotiseur noch mehr Werkzeuge einsetzen, um eine Person im Gespräch zu beeinflussen und zu überzeugen. Zu diesen Werkzeugen gehören (Radwan, 2017):

- **Musterunterbrechung** - Unterbrechen Sie regelmäßige Muster, um den Geist der Person zu programmieren.
- **Der Zeigarnik-Effekt** - Jemandem eine unvollständige Geschichte erzählen, um das Bewusstsein mit hypnotischen Befehlen zu beschäftigen, bis der Rest der Geschichte erzählt ist
- **Negative Wörter** - Die Verwendung negativer Wörter, um die entgegengesetzte Aktion einzuleiten
- **Mehrdeutigkeit** - Die Verwendung mehrdeutiger Wörter, um das Unterbewusstsein zum Handeln zu bewegen
- **Hypnotische Schlüsselwörter** - Diese programmieren das Unterbewusstsein.

Ein Konversationshypnotiseur hat definitiv viele Werkzeuge in seinem Arsenal, mit denen er Einfluss nehmen und Menschen überzeugen kann. Das wichtigste Werkzeug stellen jedoch die Wörter dar, mit denen die Nachricht übermittelt wird. Wörter können der Nachricht Tiefe, Bedeutung und Kontext hinzufügen sowie den Kontext definieren und festlegen, wie dieser dem Hörer vermittelt wird. Da Wörter so viel Kraft und Einfluss haben, ist es wichtig, sie mit Vorsicht zu verwenden, da sie eine Person auf vielen Ebenen beeinflussen können. Kurz gesagt, Worte haben eine größere Wirkung als nur Einfluss. Sie färben die Sprache, mit der wir unser Leben führen.

Zusammenfassung des Kapitels

In diesem Kapitel haben Sie alles über die Kraft von Wörtern, ihren Einfluss und ihre Verwendung in der Konversationshypnose gelernt. *Wie* etwas durch Worte ausgedrückt wird ist genauso wichtig und wertvoll wie das, *was* durch diese Worte ausgedrückt wird. Darüber hinaus haben Sie hypnotische Machtwörter kennengelernt, die die Gedanken, Gefühle, Handlungen und Verhaltensweisen einer Person beeinflussen und steuern können. Denken Sie daran, dass Konversationshypnose Ihr Unbewusstes kontrollieren kann, und zwar gemäß dem Willen und der Absichten des Konversationshypnotiseurs. Der Konversationshypnotiseur ist ein wichtiger Faktor dafür, warum wir Wörter mit Sorgfalt verwenden müssen. Um Ihr Gedächtnis aufzufrischen, sind hier nochmals einige wichtige Punkte aus diesem Kapitel aufgeführt:

- Worte haben die Kraft, unseren subjektiven Geisteszustand und unsere alltäglichen Erfahrungen zu beeinflussen, indem sie unsere Gedanken, Verhaltensweisen, Reaktionen und Handlungen beeinflussen.
- Triggerwörter können das Unterbewusstsein zum Handeln anregen, indem sie Reaktionen und Antworten auf das Gesagte auslösen.
- Darüber hinaus können hypnotische Machtwörter den Kontext für das Individuum bestimmen, was dazu beitragen kann, seine Gedanken, Gefühle, Handlungen und Verhaltensweisen zu lenken.
- Das wichtigste Werkzeug eines Konversationshypnotiseurs sind die Wörter, mit denen seine Botschaft vermittelt wird, weil sie dem Gesagten Tiefe, Bedeutung und Kontext verleihen.

Im nächsten Kapitel lernen Sie die NLP-Ankertechniken kennen.

KAPITEL 10

Überzeugende NLP-Anker-Techniken

Die Interpretation von Ankertechniken

Das Ankern ist eine nützliche NLP-Technik, die der NLP-Praktiker während einer Sitzung verwenden kann, um beim Klienten einen bestimmten Geisteszustand, eine bestimmte Emotion oder ein bestimmtes Gefühl hervorzurufen. Bei der Verankerung benutzt der NLP-Experte eine bestimmte Berührung, ein bestimmtes Wort oder eine bestimmte Bewegung, um es dem Klienten zu ermöglichen, sich jetzt oder später an das gewünschte Gefühl zu erinnern. Dies ist vergleichbar mit einer bestimmten Webseite oder einer Seite in einem Buch, das mit einem Lesezeichen versehen wird, um später darauf zurückzukommen. Der einzige Unterschied besteht darin, dass der NLP-Praktiker, anstelle des Webbrowsers oder der Webseite zur Identifizierung des gewünschten Zieles, Wörter und Berührungen verwendet, um das gewünschte Ergebnis zu erreichen, unabhängig davon, ob es sich um ein Gefühl oder einen Geisteszustand handelt. Kurz gesagt, die NLP-Ankertechnik ähnelt der Erdung in einem gewünschten Gefühl oder Geisteszustand, indem eine Assoziation mit etwas in der äußeren Umgebung (wie Berührungen, Objekte oder gesprochene Worte) erfolgt, sodass die Person dieses Gefühl erneut erleben kann.

Die Definition von Ankertechniken

Die **NLP-Ankertechnik** wird von Mind Tools genauer definiert als „der Prozess der Verknüpfung einer internen Antwort mit einem externen oder internen Auslöser, sodass die Antwort schnell (und zu einem späteren Zeitpunkt erneut) aufgerufen werden kann" (2019). Es ist fast so, als würde ein Zauberer durch ein Fingerschnippen einen gewünschten Geisteszustand heraufbeschwören können. In der Realität ist die Ankertechnik für die NLP-Anwendung nützlich, da sie das Individuum in die richtige Stimmung versetzen kann, um weitere therapeutische NLP-Techniken durchzuführen. Aus diesem Grund hilft die Ankertechnik einer Person dabei, ihre ursprünglichen Ziele sowie ihre gewünschten Ergebnisse zu erreichen. Die NLP-Ankertechnik trägt dazu bei, den Kontext während einer NLP-Sitzung festzulegen und die Person zu einer bestimmten Aktion zu bewegen. Wenn ich die Ankertechnik bei mir selbst anwenden würde, könnte ich ein Gefühl der Ruhe mit einem tiefen Atemzug verankern. Auf diese Weise kann ich mich später - wenn ich angespannt bin - besser an dieses Gefühl der Ruhe erinnern, indem ich einfach wieder tief durchatme. Wie Sie sehen, kann die NLP-Ankertechnik in vielen Situationen und Kontexten sehr nützlich sein.

Hintergrund und Geschichte der NLP-Ankertechnik

Die NLP-Ankertechnik besitzt einen interessanten Hintergrund und eine interessante Geschichte. Die Entwicklung der NLP-Ankertechnik kann mit Ivan Pawlows berühmtem Experiment zur klassischen Konditionierung verglichen werden, bei dem er Hunde konditionieren ließ, damit sie Speichel produzierten, wenn sie das Geräusch einer Glocke hörten. Wenn ständig eine Verhaltensreaktion mit einem konditionierten Stimulus induziert wird, während ein anderer (neutraler/nicht konditionierter) Stimulus vorhanden ist, korrelieren die Reaktion und der nicht konditionierte Stimulus schließlich und erzeugen einen konditionierten Stimulus. Nach einer Weile benötigt die Verhaltensreaktion nicht mehr den ursprünglich konditionierten Stimulus, damit der neue Stimulus diese Verhaltensreaktion hervorruft. Doch zurück zum ursprünglichen Hauptexperiment: Pawlows Hunde waren auf klassische Weise konditioniert, um nach dem Läuten einer Glocke Futter zu erwarten, woraufhin sie schließlich damit begannen, Speichel zu produzieren, wenn sie die Glocke hörten. Auf ähnliche

Art und Weise kann eine Person, die sich einer NLP-Therapie unterzieht, klassisch konditioniert werden, um eine Verhaltensreaktion zu erzeugen, sobald ein Reiz auftritt, wie eine Berührung, ein Wort oder eine Bewegung. Nach einer Weile wird diese Person diese Berührung, dieses Wort oder diese Bewegung ohne die Unterstützung des NLP-Praktizierenden mit dem gewünschten Geisteszustand in Verbindung bringen. Die NLP-Ankertechnik ist eine subtile Form der klassischen Konditionierung, bei der Antworten oder Reaktionen nach einiger Zeit automatisch und reflexiv werden.

Diese bedingte automatische Reaktion durch eine Ankertechnik wurde erstmals in Bandlers und Grinders Buch *Frogs into Princes* (1979) erwähnt. Ihr Buch beschreibt im Wesentlichen die Techniken zum Setzen von Ankern und wie diese Anker zu positiven Veränderungen in unserem Leben führen können. Das Buch basiert auf Milton Ericksons meisterhafter Verwendung der Ankertechnik, insbesondere des auditorischen Systems, um das Leben seiner Patienten zum Besseren zu verändern. Erickson benutzte seine Gesangsstimme, um bei seinen Kunden Trance-Zustände hervorzurufen und menschliche Veränderungen innovativ herbeizuführen. Wir können mit einer gewissen Sicherheit sagen, dass Erickson der „Vater der Ankertechnik" ist, obwohl Pawlow diese womöglich bis zu einem gewissen Grad beeinflusst hat.

Die Relevanz der Ankertechnik im täglichen Leben und im Marketing-Bereich

Die Relevanz der NLP-Ankertechnik besteht heute darin, dass sie in unserem täglichen Leben und in vielen anderen Bereichen, beispielsweise im Marketing-Bereich, ständig vorkommt. Eine Möglichkeit, wie die NLP-Ankertechnik nützlich ist, besteht darin, wie wir dazu gebracht werden können, angemessener auf eine Situation, ein Ereignis oder einen Reiz in unserem Leben zu reagieren. Wenn Sie zum Beispiel normalerweise auf Hunger so reagieren, dass Sie den nächstgelegenen Junkfood-Anbieter aufsuchen, versuchen Sie, die Ankertechnik zu verwenden, um angemessener auf Hunger zu reagieren, indem Sie sich bereits vorher gesündere Snacks bereitlegen. Zunächst mag es schwierig sein, sich selbst zu trainieren bzw. zu konditionieren, um besser auf anregende Situationen oder Ereignisse zu reagieren. Mit genügend Zeit und Übung kann die Ankertechnik jedoch Ihr Leben verbessern, indem sie Ihnen gesündere und bessere Möglichkeiten bietet, damit Sie mit jeder Situation umgehen können.

Die NLP-Ankertechnik ist auch im Marketing-Bereich von großem Nutzen, da Produkte und Dienstleistungen durch Stimuli vermarktet werden können, damit sich die Menschen an eine Verhaltensweise sowie an ein bestimmtes Produkt oder eine bestimmte Dienstleistung erinnern. Zum Beispiel kann das Logo von McDonald's Sie dazu verleiten, einen Cheeseburger zu essen, da Sie dieses Logo an die Produkte von McDonald's sowie an die Nahrungsaufnahme erinnern. McDonald's hat mit diesem Marketing-Trick viele Produkte verkauft. Ein weiteres Beispiel ist die Verwendung des Mayhem-Charakters aus den im Fernsehen beworbenen Werbespots des Unternehmens Allstate. Mayhems rücksichtsloses Verhalten in Allstate-Werbespots ist der Anreiz, der Sie dazu bringt, eine Allstate-Versicherung abzuschließen, „damit Sie (genauso wie ich) besser geschützt werden". Die Verankerung eines rücksichtslosen Verhaltens bei einem Charakter wie Mayhem erinnert uns an die Notwendigkeit einer Versicherung, da Mayhem mit Allstate und menschlichem Verhalten in Verbindung steht. Infolgedessen konnte das Allstate-Versicherungsunternehmen noch mehr Umsätze generieren und somit noch erfolgreicher werden. Zusammenfassend lässt sich sagen, dass die Ankertechnik in einer Vielzahl von Kontexten und aus einer Vielzahl von Gründen verwendet werden kann.

Die Reaktion des Gehirnes auf die Ankertechnik

Laut einer Studie der Rutgers University kann der Verankerungsprozess in unserem Gehirn wie folgt beschrieben werden:

„Die Beteiligung kortikaler Regionen, die zuvor mit emotionalen Regulationsfunktionen verbunden waren, kann für die Verstärkung oder Aufrechterhaltung angenehmer Gefühle während positiver Erinnerungen von Bedeutung sein, wodurch die physiologische Stressreaktion gedämpft wird. Das Abrufen glücklicher Erinnerungen erzeugt daher positive Gefühle und steigert das Wohlbefinden, was auf eine potenzielle Anpassungsfunktion bei der Anwendung dieser Strategie zur Stressbewältigung hindeutet."

(James, 2017)

Mit anderen Worten ausgedrückt: Das, was während der Verankerung im Gehirn passiert, ist ein Prozess, bei dem das Gehirn Stress umgeht, indem es positive Gedanken und Erinnerungen verwendet, um positive Gefühle hervorzurufen. Dies kann auch darauf zurückzuführen sein, dass die Emotions- und Gedächtnisareale des Gehirnes im Hippocampus sowie der Amygdala nahe beieinander liegen. Die Neurowissenschaft der Ankertechnik ist äußerst informativ und ermöglicht es NLP-Experten und normalen Menschen, Stress effektiv in positivere Assoziationen und Ergebnisse umzuwandeln.

Die Schritte der NLP-Ankertechniken

NLP-Ankertechniken können positive Ergebnisse erzielen, da sie einen positiven Geisteszustand beim Individuum hervorrufen. Darüber hinaus ist die klassische NLP-Ankertechnik nicht wirklich schwierig und jeder, von einer gewöhnlichen Person über einen Verkäufer bis hin zum ausgebildeten NLP-Experten, sollte dazu in der Lage sein, diese Technik zu meistern. Dennoch muss die NLP-

Ankertechnik mit größter Sorgfalt, Rücksichtnahme und Respekt für den Einzelnen erfolgen, ähnlich wie Hypnose. Eine Person kann durch einige einfache Schritte verankert werden:

- **Schritt 1** - Beobachten Sie den Geisteszustand, der sich in der Person manifestiert hat.
- **Schritt 2** - Setzen Sie den Anker, indem Sie einen Teil des Körpers der Person, wie deren Arm, berühren.
- **Schritt 3** - Der NLP-Experte behält den Anker so lange bei, bis dieser Zustand seinen Höhepunkt erreicht, was normalerweise etwa 20 bis 30 Sekunden dauert.
- **Schritt 4** - Der NLP-Experte testet den Anker, indem er denselben Körperteil auf dieselbe Weise wie zuvor berührt.
- **Schritt 6** - Der Klient wird beobachtet, um festzustellen, ob derselbe Zustand beim Anwenden der Berührung entsteht.

Die Praxis der NLP-Verankerung kann sehr effektiv sein, um Veränderungen bei einem Individuum hervorzurufen, da diese Person dadurch verbesserte Bewältigungsmechanismen und interne Ressourcen entwickeln und auf diese Weise besser mit externen Ereignissen und Situationen umgehen kann. Zum Beispiel kann ein sanftes Klopfen auf den Rücken einen positiven Geisteszustand hervorrufen, der mir dabei hilft, herausfordernde Situationen effizienter zu bewältigen. Jetzt habe ich gelernt, einen Klaps auf den Rücken mit einem positiven Geisteszustand und Bewältigungsmechanismen mithilfe von NLP-Ankertechniken zu verbinden.

Wann wird die NLP-Ankertechnik verwendet?

Die Ankertechnik wird oft verwendet, wenn eine Person eine andere Person verführen, anziehen oder auf andere Weise zu einem bestimmten Geisteszustand oder zu einer bestimmten Handlung verleiten möchte, die ihren Absichten entspricht. Wenn ich Sie zum Beispiel dazu verleiten will, eines meiner Perlenarmbänder zu kaufen, dann würde ich Sie nach einer glücklichen Erinnerung fragen. Während Sie sich diese Erinnerung ins Gedächtnis rufen, würde ich eine bestimmte Geste oder Berührung verwenden, um Sie in dieser glücklichen Erinnerung und den damit verbundenen Emotionen zu verankern. Auf diese Weise würden Sie eher meinen Perlenschmuck kaufen, da glückliche Gefühle mit dieser Geste und meiner Person verbunden sind. Es handelt sich hierbei um einen Trick, der einer Person diese glücklichen Gefühle, die mit der Erinnerung verbunden sind, vortäuschen kann, es sei denn, sie assoziiert es mit der Person, die die Verankerung vornimmt.

NLP-Verankerungsprozess

Der Verankerungsprozess mag ziemlich einfach erscheinen, doch es ist eine Wissenschaft für sich, diesen richtig auszuführen. Zum Beispiel muss das Individuum vollständig und klar auf seinen Geisteszustand zugreifen können. Andernfalls wird die Verankerung weniger effektiv. Darüber hinaus muss der NLP-Experte seinen Klienten genau beobachten, um festzustellen, wann dieser Geisteszustand am stärksten ist, sonst funktioniert die Ankertechnik nicht. Ein fehlgeschlagener Anker kann dann auftreten, wenn weniger Emotionen oder ein nicht ausreichender Geisteszustand vorhanden sind, mit dem dieser in Verbindung gebracht werden kann. Der dritte Schritt im Verankerungsprozess erfordert, dass der NLP-Experte den Geisteszustand durch Auslösen der Berührung oder des Wortes bricht. Dies muss sorgfältig durchgeführt werden, da die Person, die aus diesem bestimmten Zustand herauskommt, möglicherweise etwas desorientiert ist. Und zu guter Letzt besteht der vierte Schritt des Verankerungsprozesses darin, dass der Anker ausgelöst wird, um ihn zu testen. Dies bedeutet, dass der NLP-Experte dieselbe Berührung oder dasselbe Wort verwenden muss, um den Geisteszustand erneut einzuleiten und zu prüfen, ob er funktioniert. Der NLP-Experte muss beim Testen des Ankers äußert genau vorgehen. Andernfalls wirkt dieser Test für die Person nicht natürlich. Nachfolgend sind diese vier Schritte zum Verankerungsprozess noch einmal zusammengefasst:

- Bringen Sie die Person dazu, auf ihren Geisteszustand zuzugreifen.
- Stellen Sie einen Anker bereit, wenn der Zustand seinen Höhepunkt erreicht.
- Brechen Sie diesen Zustand, indem Sie ihn deaktivieren.
- Testen Sie den Anker erneut, um festzustellen, ob er funktioniert.

Der Verankerungsprozess ist ein heikles Vorgehen, da Nuancen in der Körpersprache, im Tonfall und sogar im Verhalten den Versuch der Verankerung beeinträchtigen können. Aus diesem Grund erfordert der Verankerungsprozess vom NLP-Experten Kongruenz in Bezug auf seine Körpersprache. Die Assoziationen und Verbindungen, die durch die Verankerung generiert werden, hängen davon ab, da der NLP-Praktiker der Person auf diese Weise glaubwürdiger erscheinen kann.

Die verschiedenen Formen der NLP-Ankertechniken

Die verschiedenen Verankerungsformen sind einzigartig und für jede einzelne Situation spezifisch. Wenn Sie beispielsweise einen **Anker stapeln**, hat der NLP-Experte Zugriff auf viele verschiedene Erfahrungen, die denselben Geisteszustand hervorrufen, weil sie an derselben Stelle verankert sind (Carroll, 2013). Diese Strategie ist nützlich, weil sie dem Klienten dabei hilft, effektiv mit diesen Erfahrungen umzugehen, indem er sie alle miteinander verbindet. Diese Technik kann ebenfalls gut für den Umgang mit negativen Erfahrungen geeignet sein.

Eine andere Form der Verankerung ist das Zusammenfallen von Ankern. Beim **Zusammenfallen von Ankern** hilft der NLP-Coach dem Klienten dabei, einen ressourcenreichen Zustand zu erlangen, wenn es zuvor keinen gab, da dem Klienten keine Auswahlmöglichkeiten geboten wurden. Dies wird erreicht, indem der ressourcenarme Geisteszustand an einem bestimmten Ort verankert wird, während der ressourcenreiche Zustand an einem anderen Ort verankert wird. Es ist hilfreich, zwei verschiedene Anker zu haben, die verschiedene Zustände auf verschiedenen Seiten des Körpers darstellen, da es einfacher ist, den ressourcenarmen Zustand in den ressourcenreichen Zustand zu zerlegen. Dazu werden die beiden voneinander unabhängigen Anker gleichzeitig ausgelöst und dann wird der ressourcenarme Anker vor dem ressourcenreichen Anker losgelassen. Der NLP-Coach kann anschließend die Stärke des ressourcenreichen Ankers testen, indem er ihn auslöst. Wenn die Antwort dieselbe ist wie zuvor, als der Ressourcenanker initiiert wurde, ist es dem NLP-Coach gelungen, einen Ressourcenstatus für den Klienten zu erstellen.

Eine dritte Form der Verankerung ist die Verkettung von Ankern. **Ankerketten** treten auf, wenn der ressourcenarme Zustand zu groß ist, sodass ein Zwischenzustand erstellt werden muss, der einer Brücke zwischen dem Anfangszustand und dem Endzustand ähnelt. Wenn die Anker richtig verkettet sind, führt ein Anker zum nächsten, wenn er ausgelöst wird, sodass der Klient eine Brücke oder Verbindung zwischen verschiedenen Zuständen bauen kann. Dies ist hilfreich für den Klienten, da diese Vorgehensweise die Person zu dem gewünschten Zustand führen kann, insbesondere wenn sich die Zustände stark voneinander unterscheiden.

Eine weitere Form der Verankerung sind **Gleitanker**. Gleitanker sind dann erforderlich, wenn der NLP-Experte die Intensität des Zustandes der Person kalibrieren muss, ohne sie zu stapeln. Diese Methode wurde zuvor beschrieben. Zum Beispiel hängt ein Gleitanker vom Berührungspunkt des NLP-Experten ab und entspricht der Intensität des Geisteszustandes des Individuums. Dies ist nützlich für den Klienten, da überwältigende oder starke Gefühle auf die vom Klienten gewünschte Stärke kontrolliert oder manipuliert werden können.

Und zu guter Letzt gibt es noch **räumliche Anker**. Räumliche Anker können ohne Berührung manipuliert oder gesteuert werden. Stattdessen wird diese Methode räumlich vom NLP-Praktiker oder -Coach durchgeführt. Um Stapelanker zu imitieren oder darzustellen, greift der NLP-Coach wiederholt auf den Ressourcenzustand zu, indem er physisch in den festgelegten Verankerungsraum tritt. Manchmal kann es dem Klienten helfen, eine physische Darstellung zu erleben, um den Prozess der Verankerung selbst zu verstehen.

NLP-Verankerungstechniken im Vertrieb

Verankerungstechniken im Verkauf rufen spezifische Reaktionen hervor, die dann mithilfe eines Ankers oder eines Auslösers zum Abschluss des Verkaufes führen und eine Reaktion in der Person hervorrufen. Dieser Anker oder Auslöser kann ein bestimmtes Wort oder eine Berührung sein, die die Person zum Kauf Ihres Produktes oder Ihrer Dienstleistung überredet. Wenn ich zum Beispiel Ihre Hände schüttele, um mich beim Verkauf von Keksen vorzustellen, kann ich Sie dazu bringen, diese Kekse mithilfe meines überzeugenden Lächelns und einer überzeugenden Unterhaltung zu kaufen. Darüber hinaus umfassen einige spezifischere Verankerungstechniken im Verkauf die Verwendung von räumlichen Ankern, die Verankerung der Zustandsauslösung, die Ankerkette sowie die Preisverankerung.

Die erste Verankerungstechnik verwendet physische Aktionen und Gesten, um emotionale Reaktionen hervorzurufen und Einwände zu überwinden. Zum Beispiel kann ich in Ihren persönlichen Bereich eintreten und lächeln, wenn ich versuche, Ihnen mein Produkt zu verkaufen. Die Verwendung von **räumlichen Ankern** zur Überwindung von Einwänden im Verkaufsgespräch erinnert mich an Verkäufer im Einkaufszentrum, die versuchen, in Ihren persönlichen Bereich einzudringen und Ihnen ein Produkt zu verkaufen. Dies liegt daran, dass diese Verkäufer manchmal versuchen, zunächst in Ihren persönlichen Bereich einzudringen, während Sie an ihnen vorbeigehen und Ihnen eine Probe des Produktes anbieten, das sie zu verkaufen versuchen. Diese Verkäufer könnten versuchen, etwas Parfüm oder Kölnischwasser auf Sie zu sprühen, um Sie dazu zu bringen, etwaige Einwände gegen den Kauf zu überwinden.

Die zweite Verankerungstechnik, die **Zustandsauslösung**, verbindet ein physisches Objekt mit einem emotionalen Zustand. Zum Beispiel kann ich die Fernbedienung mit meinem Interesse verbinden, meine Lieblingssendungen im Fernsehen zu sehen. Indem ich die Fernbedienung mit Spannung beim Betrachten der Serie Star Trek verbinde, kann ich diesen emotionalen Zustand auslösen indem ich einfach die Fernbedienung in die Hand nehme. Ein weiteres Beispiel ist die Verwendung meiner Kaffeetasse bei der Arbeit, da ich sie mit dem Gefühl verbinden kann, produktiv zu sein (angesichts des Koffeins). Wenn ich die Kaffeetasse sehe, trage ich ein Gefühl oder eine Produktivität in mir und arbeite effizienter.

Die dritte Verankerungsverkaufstechnik verwendet eine **Ankerkette**, bei der ein Publikum mithilfe räumlicher Anker von einem Zustand in einen anderen bewegt wird. Zum Beispiel könnte ich emotionale Zustände mit räumlichen Ankern verknüpfen und zwischen ihnen wechseln, wenn ich möchte, dass mein Publikum seinen Geisteszustand ändert. Ein Schritt nach rechts könnte ein Verständnis bedeuten, während ein Schritt nach links eine Übereinstimmung bedeuten könnte.

Die vierte Verankerungstechnik ist die **Preisverankerung**. Dies ist der Fall, wenn der Preis eines Produktes mit einem anderen, teureren Produkt verglichen wird, um Sie davon zu überzeugen, das billigere Produkt zu kaufen. Zum Beispiel: „Ähnliche Laptops kosten 300, 400 oder sogar 500 Euro, aber Sie können diesen Laptop für nur 199,90 Euro bekommen!" Verbraucher werden denken, dass sie ein Schnäppchen machen, weil der Preis höher verankert ist als der Preis, für den der Laptop verkauft wird.

Zusammenfassend lässt sich sagen, dass die Verankerung von Verkaufstechniken sehr effektiv sein kann, um Sie zum Kauf eines Produktes oder einer Dienstleistung zu verleiten.

Die Kunst der Verankerung und Gedankenkontrolle

Verankerung und Gedankenkontrolle erfordern die Verwendung von Sprachmustern als Auslöser oder Anker, die unsere Reaktionen beeinflussen und kontrollieren, was uns dann dazu veranlasst, Dinge ohne unser Wissen, unsere Zustimmung oder unser Bewusstsein zu tun. Dies liegt zum Teil daran, dass diese sprachlichen Anker von Geburt an in unseren Köpfen konditioniert wurden, was es für den Durchschnittsmenschen schwierig macht, diese und die von ihnen verursachten Reaktionen zu erkennen. Zum Beispiel kann das Wort „Nein" als Anker oder Auslöser für negative Erfahrungen, Assoziationen und Geisteszustände dienen. Die Gedankenkontrolle durch die Verankerung von Sprachmustern kann jedoch auch unser Leben positiv beeinflussen.

Verwendung der Verankerung, um attraktiv auf Frauen zu wirken

Die Fähigkeit, eine Frau durch Verankerung anzuziehen, kann ein differenziertes Unterfangen sein, welches von bestimmten Variablen, wie Persönlichkeit, Denkweise, Kontext, Kompatibilität sowie davon abhängig ist, ob die Frau Sie von Anfang an mag. In der Tat funktioniert die Verwendung der Verankerungstechnik, um eine Frau anzuziehen, dann nicht, wenn keine dieser Variablen vorhanden ist. Wenn es eine gegenseitige Anziehungskraft gibt, dann haben Sie mithilfe der Verankerungstechnik eine höhere Chance, in diesem Bereich erfolgreich zu sein. Die beiden am häufigsten verwendeten Arten der Verankerung, um eine Frau anzuziehen und zu behalten, sind die emotionale Verankerung sowie die Erwartungsverankerung.

Die **Emotionale Verankerung** besteht darin, dass eine Frau dazu konditioniert ist, bestimmte Emotionen in Bezug auf Sie, ein Objekt oder eine Situation zu spüren. Mit anderen Worten besteht eine emotionale Verankerung darin, dass die Frau die Gefühle, die sie empfindet, mit Ihnen verbindet, wenn sie in Ihrer Gegenwart ist (Amante, 2020). Wenn eine Frau Sie zum Beispiel auf einem Festival kennenlernt, dann wird sie wahrscheinlich die Gefühle der Aufregung mit Ihnen in Verbindung bringen, die sie hatte, als sie Sie in diesem speziellen Kontext kennenlernte. Wenn eine Frau Sie andererseits tagsüber in der Bibliothek kennenlernt, dann könnte es sein, dass sie Gefühle mit Ihnen in Verbindung bringt, die beruhigend sind. Es kann nützlich sein, dies zu wissen, um ein Date mit ihr zu vereinbaren, da sie Sie möglicherweise eher wiedersehen möchte, wenn der Anker passt.

Wie bereits erwähnt, ist die zweite Art der Verankerung, mit der eine Frau angezogen wird, die **Erwartungsverankerung**. Die Erwartungsverankerung besteht darin, dass Sie eine Erwartung an sich selbst verankern, damit die Frau die Erwartung haben oder mit Ihnen in Verbindung bringen kann. Wenn Sie ihr zum Beispiel sagen: „Wir sollten irgendwann Kaffee trinken", wird sie wahrscheinlich in naher Zukunft ein Date mit Ihnen erwarten. Darüber hinaus ist es in Ordnung, Erwartungen je nach Situation zu erhöhen oder zu senken. Die Verankerung von Erwartungen kann den Verlauf einer Beziehung bestimmen, denn „jede Erwartung, die Sie bei der Frau verankern, wird sie von Ihnen erwarten" (Amante, 2020). Zusammenfassend lässt sich sagen, dass Sie die Kunst des Verankerns nutzen können, um eine Frau unter den richtigen Bedingungen anzuziehen.

Verankerung im Vertrieb

Um die Verankerung im Verkauf zu verwenden, muss der Verkäufer einige Maßnahmen ergreifen, um den Deal abzuschließen. Diese Aktionen können dazu führen, dass die ausgewählten Anker für den Verkäufer funktionieren (Woodley, o. J.):

133

- Eine Person davon überzeugen, die entsprechende Emotion zu erfahren
- Eine Person bei dieser Emotion unterstützen, womöglich durch Verstärkung
- Anbringen eines Ankers - wie eines Ortes, eines Tonfalles oder einer Bewegung - an der Emotion
- Ablenkung der Konversation vom Hauptthema weg auf andere Themen
- den Anker zum richtigen Zeitpunkt einsetzen, um die emotionale Erfahrung wiederherzustellen, die Sie sich von Ihrem Kunden wünschen

Die im Verkauf verwendete Verankerungstechnik kann effektiv sein, da sie Emotionen an den spezifischen Anker bindet, der Ihr Gegenüber schließlich überzeugt und zum Abschluss des Geschäftes führt. Das ist natürlich gut für das Unternehmen. Es ist die Praxis der Verankerungstechniken im Verkauf, die bestimmt, ob ein Unternehmen gedeiht oder einfach nur über die Runden kommt.

Zusammenfassung des Kapitels

In diesem Kapitel haben Sie alles über das Verankern gelernt. Sie haben die Definition, die Geschichte und die Relevanz sowohl im täglichen Leben als auch im Marketing-Bereich kennengelernt. Außerdem haben Sie gelernt, wie und wann Sie die NLP-Ankertechniken verwenden. Es ist auch wichtig, den Verankerungsprozess selbst zusammen mit seinen verschiedenen Formaten zu beachten. Zuletzt haben Sie die Kunst der Verankerung und Gedankenkontrolle durch ihre Anwendungen zur Anziehung von Frauen und zur Steigerung des Umsatzes kennengelernt. Um Ihr Gedächtnis aufzufrischen, sind hier nochmals einige wichtige Punkte aus diesem Kapitel aufgeführt:

- Kurz gesagt, die NLP-Ankertechnik ähnelt der Erdung in einem erwünschten Gefühl oder Geisteszustand, indem eine Assoziation mit etwas in der äußeren Umgebung (wie Berührungen, Objekte oder gesprochene Worte) erfolgt, sodass die Person dieses Gefühl erneut erleben kann.

- Die NLP-Verankerung ähnelt der klassischen Konditionierung.

- Die NLP-Ankertechnik ist im Marketing-Bereich nützlich, da Produkte mithilfe eines Stimulus vermarktet werden können, um an ein mit diesem Stimulus verbundenes Verhalten und das Produkt oder die Dienstleistung zu erinnern.

- Die NLP-Ankertechnik kann wirksam sein, um Veränderungen bei einer Person hervorzurufen, da es der Person dadurch ermöglicht wird, verbesserte Bewältigungsmechanismen und interne Ressourcen für den Umgang mit externen Ereignissen und Situationen zu entwickeln.

- Die Ankertechnik wird oft verwendet, wenn die Person jemanden anziehen, verführen, einen bestimmten Geisteszustand oder eine bestimmte Handlung auslösen möchte, die zu ihrer Absicht passt.

- Die vier Schritte des Verankerungsprozesses sind:

  o Überzeugen Sie die Person, auf ihren Geisteszustand zuzugreifen.
  o Stellen Sie einen Anker bereit, wenn der Zustand seinen Höhepunkt erreicht.
  o Deaktivieren Sie diesen Zustand.
  o Testen Sie den Anker erneut, um festzustellen, ob er funktioniert.

- Verschiedene Formen der Verankerung umfassen:

  o Ankerstapel-Technik
  o Zusammenfallende Anker
  o Ankerketten
  o Gleitanker
  o Räumliche Anker

- Die Verwendung der Emotionalen Anker und der Erwartungsanker kann dazu beitragen, attraktiv auf Frauen zu wirken.

- Die im Verkauf verwendete Ankertechnik kann effektiv sein, da sie Emotionen an den spezifischen Anker bindet, der Ihr Gegenüber schließlich überzeugt und zum Abschluss des Geschäftes führt.

- Ankertechniken im Verkauf rufen spezifische Reaktionen hervor, die dann mithilfe eines Ankers oder eines Auslösers zum Abschluss des Verkaufes führen.

- Die vier Ankertechniken im Verkauf sind:

  o Räumliche Anker
  o Zustandsauslösung
  o Ankerkette
  o Preisverankerung

- Die Ankertechnik im Verkauf umfasst:

  o den Einzelnen davon überzeugen, die entsprechende Emotion zu erfahren
  o eine Person bei dieser Emotion unterstützen, womöglich durch Verstärkung
  o Anbringen eines Ankers - wie eines Ortes, eines Tonfalls oder einer Bewegung - an der Emotion
  o Ablenkung der Konversation vom Hauptthema weg auf andere Themen
  o den Anker zum richtigen Zeitpunkt einsetzen, um die emotionale Erfahrung wiederherzustellen, die Sie sich von Ihrem Kunden wünschen

Im Bonuskapitel erfahren Sie mehr über einige weitere NLP-Techniken, die jeder verwenden kann.

Weitere suggestive NLP-Techniken

NLP für Unternehmen

Die Einführung von NLP in vielen Unternehmen hat zu mehr Erfolg geführt, da Geschäftsleute auf diese Weise lernen, bessere Kommunikatoren zu werden, wodurch mehr Kunden, Umsatz und Gewinn erzielt werden. NLP-Techniken im Unternehmensumfeld ermöglichen es dem Unternehmen zu florieren, da die Produktivität steigt und die Mitarbeiter innerhalb des Unternehmens effektiver kommunizieren können. Außerdem kann durch eine effektivere Kommunikation die Markenbotschaft stärker auf potenzielle Interessenten übertragen werden.

Laut Lenka Lutonska ist NLP wie eine „Standardvorgehensweise für den Geist, die eine progressive Kommunikation ermöglicht und Anwendungen in den Bereichen Führung, Marketing und Vertrieb bietet" (Barratt, 2019). Diese fortschrittliche Kommunikation kann dann dazu führen, dass erfolgreiche Unternehmen mehr Renditen erzielen als die meisten anderen. Mit anderen Worten, es lohnt sich, zu lernen, wie man ein effektiverer Kommunikator wird, was in der heutigen Unternehmenswelt aufgrund des zunehmenden Wettbewerbes, des Internets, der Online-Kommunikation und der Werbung erforderlich ist.

Drei einfach zu integrierende NLP-Tipps

Effektive Kommunikation beginnt mit dem Erlernen einiger einfacher Kommunikationslösungen, die Ihr Unternehmen mit der Zeit erfolgreicher machen können. Diese Lösungen und Kompetenzen beinhalten: Zu lernen, sich auf die gleiche Art und Weise wie Ihr Kunde zu artikulieren, Dinge aus einem anderen Blickwinkel zu betrachten und Ihre Überzeugungen zu überprüfen, um die Relevanz Ihrer Kunden in Bezug auf die Situation zu analysieren. Die erste Kompetenz, nämlich zu lernen, die gleiche Sprache wie Ihr Kunde zu sprechen, ist sehr nützlich, da sich der Kunde nicht nur besser verstanden fühlt, sondern auch eher bereit dazu ist, Ihren Geschäftsanforderungen nachzukommen. Sobald das bevorzugte Repräsentationssystem des Kunden bekannt ist, sprechen und artikulieren Sie auf dieselbe Weise. Wenn sich Ihr Kunde beispielsweise visuell ausdrückt, dann versuchen Sie am besten, Diagramme zu verwenden, um Ihren Standpunkt zu verdeutlichen.

Die zweite Kompetenz, Dinge aus einem anderen Blickwinkel zu betrachten, ist im Geschäftsumfeld ebenfalls hilfreich, da diese es Ihnen ermöglicht, sich von der Situation zu lösen, da es objektiver ist, eine Situation so zu betrachten, wie sie ist. Wenn beispielsweise die Person, die eine Präsentation hält, die Dinge aus der Sicht des Publikums betrachten kann, erhöhen sich die Chancen dieser Person, sich in die Denkweise eines objektiven Beobachters hineinzuversetzen. Diese Vorgehensweise kann anschließend verbesserte Produkteinführungen, Verkaufsgespräche und Präsentationen in Gang setzen.

Die dritte Kompetenz, Ihre Überzeugungen zu überprüfen und deren Relevanz zu untersuchen, ist ebenfalls wichtig, da Ihnen diese Kompetenz ermöglicht, Ihre begrenzten Annahmen zu überwinden, indem Sie zuerst die Überzeugungen identifizieren, um sie dann zu dekonstruieren. Andernfalls können einschränkende Überzeugungen und Annahmen unser Wohlbefinden und folglich unsere Leistung in Unternehmen und anderen Lebensbereichen negativ beeinflussen. Diese Tatsache erfordert weitere NLP-Techniken, um diese Überzeugungen in konstruktivere und nützlichere Dinge umzuwandeln. Es ist offensichtlich, dass eine effektive Kommunikation mit diesen drei Lösungen Ihrem Unternehmen dabei hilft, erfolgreicher zu werden.

Sprachmuster, um Einwände zu umgehen

Die Verwendung spezifischer Sprachmuster zur Umgehung von Widerständen, insbesondere im Verkauf, ist unglaublich nützlich, um in jedem Unternehmensumfeld Erfolg zu erzielen. Der Trick besteht darin, die Motivation hinter dem Einwand, der Wahl oder der Handlung zu verstehen. Genauer gesagt: Wenn Sie die Überzeugungen einer Person verstehen können, die sie dazu bringen, auf bestimmte Weise zu denken, zu sprechen oder zu handeln, können Sie verstehen, was sie in einem Gespräch sagt und die Dinge, die diese Person sagt, bei Bedarf sogar umdrehen. Wenn eine Verkäuferin beispielsweise im April versucht, ihr Produkt zu verkaufen und sie einen Einspruch des potenziellen Käufers hört, versucht sie einfach, die Motivation hinter dem Einspruch zu analysieren, indem sie sich nach den Überzeugungen des potenziellen Käufers erkundigt, die ihn dazu bringen, auf diese Weise zu reden, nachzudenken oder zu handeln. Es ist hilfreich, das zugrundeliegende Motiv in Bezug auf einen Kommentar, eine Verhaltensweise oder eine Überzeugung zu erfahren.

Wenn Sie diesen Aspekt verstanden haben, dann können Sie die Informationen anders darstellen, indem Sie sie entsprechend der Motivation für den Einwand neu formulieren. Versuchen Sie beispielsweise, eine Frage oder einen Satz neu zu formulieren und Ihr Verständnis zu hinterfragen, anstatt konfrontativ zu klingen, indem Sie direkt mit dem Thema einsteigen. Sie können sich fragen: „Kann ich überprüfen, ob ich das richtig verstehe?" Gehen Sie dann auf das Thema ein, indem Sie möglicherweise einen Vergleich anstellen, der besagt, dass es angesichts der Konsequenzen weniger schwierig wäre, die Situation zu verändern, anstatt sie so zu belassen. Dies hilft Ihnen dabei, Ihre Lösung anhand dessen zu überprüfen, was der potenzielle Kunde seiner Meinung nach macht oder nicht macht.

NLP beim Aufbau von Beziehungen

Der Einsatz von NLP-Techniken beim Aufbau und bei der Pflege von Beziehungen ist für die beteiligten Personen wertvoll und vorteilhaft, da diese ihnen dabei helfen können, besser miteinander zu kommunizieren und einander besser zu verstehen. Wenn Menschen innerhalb einer Beziehung besser kommunizieren und einander besser verstehen, dann verbessert sich die Beziehung selbst, da die Qualität der Beziehung und der Interaktionen um ein Vielfaches zunimmt. Hier kommen NLP-Techniken ins Spiel, weil sie Ihnen Einblick und Wissen darüber verleihen, wie sich der menschliche Geist und das daraus resultierende Verhalten gegenseitig beeinflussen. Mit anderen Worten, NLP-Techniken können es erleichtern, wie wir in Beziehungen denken, fühlen, reagieren, antworten und handeln. Dies kann dazu beitragen, die Kommunikation innerhalb von Beziehungen zu verbessern, damit sie reibungsloser funktionieren.

Einige hilfreiche Möglichkeiten, wie NLP-Techniken Beziehungen aufbauen und aufrechterhalten können, umfassen die Auswahl des richtigen Partners, das Zuhören, den Aufbau von Beziehungen sowie die Freisetzung Ihrer Leidenschaft oder Emotionen. Zum Beispiel wird die Auswahl des richtigen Partners für Sie einfacher, wenn Sie sich Ihrer eigenen internen Landkarte und Ihres bevorzugten Repräsentationssystems bewusst sind, da Selbsterkenntnis Ihnen bei der Entscheidung helfen kann, ob die interne Landkarte und das bevorzugte Repräsentationssystem einer anderen Person mit Ihrer kompatibel sind.

Es ist sehr wertvoll, Ihrem Partner zuzuhören und zu hören, was er zu sagen hat. Wenn Sie Ihrem Partner offen und urteilsfrei zuhören, kann er sich besser verstanden und bestätigt fühlen, einfach weil Sie ihm Ihre Aufmerksamkeit und Zeit schenken. Wenn Sie sich die Zeit nehmen, um Ihrem Partner zuzuhören, kann dies der Beziehung auf verschiedene Weise helfen, da Sie die beabsichtigte Bedeutung der Nachricht besser verstehen werden, wodurch sich dann wiederum die Beziehung verbessern wird.

NLP-Techniken zum Aufbau von Kundenbeziehungen sind ebenfalls nützlich, genau wie bei anderen Beziehungen auch. Dies liegt daran, dass NLP-Techniken Vertrauen und Unterstützung in Bezug auf eine Beziehung schaffen können, und zwar unabhängig davon, ob diese Beziehung romantischer, platonischer oder familiärer Natur ist. Darüber hinaus kann der Aufbau einer Beziehung zu Ihrem Partner zeigen, dass Sie Interesse an ihm haben, was wiederum zu einer tieferen Beziehung führen kann. Es ist ebenfalls wichtig, zu beachten, dass persönliche Mauern oder Grenzen verschwinden können, da der Aufbau von Rapport Vertrauen zwischen den Menschen innerhalb einer Beziehung hervorruft, sodass die Menschen in der Beziehung ganz sie selbst sein können.

Schließlich kann der Einsatz von NLP-Techniken in persönlichen Beziehungen dazu beitragen, diese aufzubauen und aufrechtzuerhalten, indem den Menschen innerhalb der Beziehung beigebracht wird, ihre Emotionen und Leidenschaften auf sichere und gesunde Weise auszuleben. Zum Beispiel kann die NLP-Technik zum Setzen eines kinästhetischen Ankers die Beziehung interessant halten und die Menschen in der Beziehung daran erinnern, wie sehr sie geschätzt und geliebt werden.

Mit NLP einen Mann anziehen

Das Anziehen eines Mannes durch den Einsatz von NLP-Techniken verläuft fast so, als würden Sie ihn dazu trainieren, auf die richtige Weise auf Sie zu reagieren. Dieses Training kann die Verbesserung der Kommunikations- und Verführungsfähigkeiten durch den Einsatz von NLP-Techniken, wie der Spiegelungstechnik, beinhalten, um die Beziehung zu einem Mann zu verbessern. Eine andere NLP-Technik, die einen Mann anziehen und verführen kann, besteht darin, absichtlich langsam und rhythmisch mit ihm zu sprechen, was den Mann dazu bringen wird, zuzuhören, was Sie zu sagen haben. Diese Strategie funktioniert, weil Ihr Tonfall die Stimmung für die Interaktion bestimmen kann. Einige subtilere NLP-Techniken, um einen Mann anzulocken, umfassen auch das Anpassen/Spiegeln seiner Gefühle, wenn er diese während eines Gespräches oder auf andere Weise ausdrückt. Wenn er zum Beispiel sagt, dass er sich glücklich fühlt, weil es Freitag ist, können Sie lächeln und etwas sagen wie: „Das Ende einer Arbeitswoche macht mich ebenfalls glücklich." Besonders wertvoll, um einen Mann anzuziehen, ist die Verankerungstechnik, da Sie ihn mit dieser Technik dazu bringen können, sämtliche positive Gefühle, die er hat, mit Ihnen in Verbindung zu bringen, sei es eine Berührung, ein Blick oder ein Wort. Es kann sehr effektiv sein, einen Mann mit NLP-Techniken für sich zu gewinnen und sein Herz zu erobern.

Der VAKOG-Gehirncode in einer Beziehung

NLP kann dazu beitragen, dass Beziehungen gedeihen und florieren, da die Anwendung von NLP-Techniken Menschen effektiv dazu bringt, sich auf einer tieferen Ebene gegenseitig besser zu verstehen, was schließlich Gefühle, Reaktionen, Antworten und Handlungen innerhalb der Beziehung schafft. NLP kann auch dazu beitragen, Beziehungen zu erleichtern, indem Sie durch NLP-Techniken Ihr eigenes sowie das bevorzugte Repräsentationssystem bzw. die sensorische Modalität Ihres Partners besser verstehen, wenn dieser mit Ihnen kommuniziert. Wenn Ihr Partner beispielsweise hauptsächlich ein *visuelles* System verwendet, dann muss er den Ausdruck Ihrer Liebe *sehen*. Wenn Sie selbst ein *kinästhetischer* Mensch sind, müssen Sie die Liebe *spüren*. Die verschiedenen sensorischen Modalitäten können als „**Gehirn-Code VAKOG (visuell-auditorisch-kinästhetisch-olfaktorisch-gustatorisch)**" (Moghazy, 2018) beschrieben werden. Es ist wichtig, diesen Code zu kennen, da diese sensorischen Modalitäten Ihnen dabei helfen können, sich gut mit einer Person zu verstehen, die dieselbe bevorzugte sensorische Modalität besitzt oder zumindest eine, die sich mit Ihrer ergänzt. In ähnlicher Weise repräsentiert das NLP-VAK-Modell die drei zwischenmenschlichen Kommunikationsmodalitäten, in denen wir die Sprache der Liebe kommunizieren (Bundrant, o. J.). Wenn Sie wissen, welche zwischenmenschliche Kommunikationsmethode Sie und Ihr Partner bevorzugen, kann die Beziehung aufblühen.

Die Kraft des Unterbewusstseins mit NLP-Techniken entfesseln

Es ist entscheidend, die Kraft des Unterbewusstseins in Verbindung mit NLP-Techniken zu nutzen, da unser Unterbewusstsein jeden Aspekt unseres Lebens beeinflusst, steuert und kontrolliert, von unseren Emotionen über unsere Gedanken bis hin zu unseren Verhaltensweisen. Darüber hinaus fungiert das Unterbewusstsein als Kontrollzentrum, das Ihr Bewusstsein steuert, wobei Ihr Bewusstsein anschließend zurück an Ihr Unterbewusstsein kommuniziert. Obwohl diese Kommunikation bidirektional ist, brauchen wir den bewussten Teil des Geistes, um den unbewussten Teil zu beeinflussen, da er Ihnen dabei hilft, Ihr Leben zu beeinflussen und Ihre Ziele zu erreichen.

Eine Möglichkeit, das Unterbewusstsein zu beeinflussen, um Ihr Leben zu verbessern, besteht darin, negative Selbstgespräche und Ängste zu beseitigen. Sie können diese Aufgabe mithilfe der Zähl- oder Löschtasten-Techniken ausführen. Laut Mayer ist es möglich, einem negativen Gedanken **entgegenzuwirken**, indem man ihn durch einen positiven Gedanken ersetzt, was Ihrem Geist dabei hilft, positive anstatt negative Assoziationen herzustellen (2018). Die **Löschtasten-Technik** besagt, dass Sie sich vorstellen, eine Löschtaste in Ihrem Kopf zu betätigen, um den negativen Gedanken zu zerstören. Beide Techniken beeinflussen das Unterbewusstsein auf effektive Art und Weise.

Eine andere Möglichkeit, das Unterbewusstsein zu mehr Aktivität anzuregen, besteht darin, dass Sie lernen, wie Sie Ihr Verlangen nutzen und fördern können, damit Sie Ihre Träume verwirklichen können. Diese Möglichkeit wird durch die Brücken-Verbrenn-Technik, die Kleine-Gewinne- bzw. Fortschrittsbalken-Technik sowie die Motivationstechnik erreicht. Die **Brücken-**

Verbrenn-Technik ist immens hilfreich, da Sie durch das bildliche Verbrennen von Brücken in Ihrem Kopf die sicheren, vorhersehbaren Häfen an beiden Enden der Brücke abbauen und so nur noch eine Richtung kennen: Vorwärts. Die **Technik der Kleinen Gewinne** bzw. des **Fortschrittsbalkens** ermöglicht es Ihnen, kleinere Gewinne in Anbetracht größerer Ziele zu verfolgen, was dazu führen kann, dass dieser Prozess motivierend für Sie erscheint, insbesondere wenn Sie das Gesamtbild sehen können. Und zu guter Letzt gibt es noch die **Motivationstechnik**, mit der Sie herausfinden können, was Sie motiviert und die Ihnen die Energie geben kann, auf Ihr Ziel hinzuarbeiten (Mayer, 2018).

Sie können einfacher auf Ihr Unterbewusstsein zugreifen, wenn Sie das Ergebnis Ihres Zieles im Voraus visualisieren oder es sich vorstellen können. Dies liegt daran, dass Sie auf diese Weise in die Denkweise versetzt werden, dieses Ziel bereits erreicht zu haben, was schließlich effektiv sein kann, weil der Wunsch in Ihnen wächst, dies auch im wirklichen Leben zu schaffen. Stellen Sie sich vor, dass Sie erfolgreich sind und stellen Sie sich anschließend folgende Fragen:

- Was mache ich?
- Was trage ich?
- Was sage und fühle ich?
- Wie verhalte ich mich?

Wenn Sie sich diese Realität vorstellen, werden Sie das gewünschte Ergebnis erhalten.

Einige weitere Techniken, um das Unterbewusstsein freizuschalten, um Ihre Träume zu erfüllen, sind **Autosuggestionen**, mit denen „Gedanken in das Unterbewusstsein eingeführt werden können" (Mayer, 2018). Nehmen Sie zum Beispiel die Mantra-Technik und die Vorlesetechnik. Die mächtige **Mantra-Technik**, ein positives Mantra wie „Ich kann mehr als ich glaube" laut auszusprechen oder wiederholt darüber nachzudenken, ist hilfreich, um Ihre Ziele zu erreichen, denn je mehr Sie dieses Mantra wiederholen, desto mehr werden Sie daran glauben. Die Macht von Mantras besteht darin, Ihre Ziele immer und immer wieder zu wiederholen, woraufhin schließlich auch Ihr Geist davon überzeugt wird. Wenn Sie Ihre Ziele mehrmals am Tag durch lautes Sprechen ausdrücken und aussprechen, wird Ihr Wunsch, diese Ziele und das gewünschte Ergebnis zu erreichen, verstärkt. Je mehr Techniken angewendet werden, um die Kraft des Unterbewusstseins freizusetzen, desto besser.

Die Kraft der Autosuggestion in NLP

Autosuggestion ist eine leistungsstarke NLP-Technik, die das Unterbewusstsein freisetzt, indem die Person die Gedanken präsentiert, die sie benötigt, um ihre Ziele zu erreichen. Wir machen das die ganze Zeit. Zum Beispiel kann ich mir sagen, dass ich mich stärker auf die anstehende Aufgabe konzentrieren muss und schon wird sich meine Konzentrationsfähigkeit erhöhen. Eine andere Autosuggestion könnte darin bestehen, mehr zu lächeln, indem Sie sich selbst dazu anweisen, alle Menschen anzulächeln, denen Sie begegnen. Autosuggestionen lösen effektiv den gewünschten Geisteszustand aus, sodass Sie schließlich Ihr Ziel erreichen können.

Einige weitere Autosuggestionstechniken habe ich bereits erwähnt, nämlich die Wiederholungs- und die Visualisierungstechnik, um Ihre eigene Unterbewusstseinsprogrammierung zu nutzen. Eine andere Technik ist die Verwendung von Affirmationen. Affirmationen oder positive Selbstgespräche verwenden die in der ersten Person angegebene Gegenwart, um es einer Person zu ermöglichen, ihren Geist neu zu programmieren, um positiver zu denken, was dann wiederum ihr Verhalten in positivere Bahnen lenken kann. Diese Form der Selbst-Suggestion ist offensichtlich vorteilhaft, da der Geisteszustand einer Person ihre Verhaltensweisen sowie ihre Gedanken bestimmt und so ihr Leben beeinflusst.

145

Autosuggestion kann eine starke Form der Selbsthypnose sein, wenn sie richtig durchgeführt wird. Um sich auf diese Technik einzulassen, ist es zunächst wichtig, zu identifizieren, was Sie ändern möchten, was Sie motiviert und Ihnen ein Ziel gibt, auf das Sie hinarbeiten können. Der zweite Schritt bei der Autosuggestion besteht darin, sich zu entspannen, da Sie dadurch offener für Vorschläge werden, insbesondere was die Autosuggestion betrifft. Der dritte Schritt besteht darin, an sich selbst zu glauben, da diese Denkweise Sie zu positiven Gedanken und Ergebnissen führt. Im vierten Schritt konzentrieren Sie sich einfach darauf, Ihre Emotionen zu spüren, da die Stärke Ihrer Emotionen Ihr Unterbewusstsein positiv beeinflusst. Der fünfte Schritt, um sich auf Autosuggestion einzulassen, besteht darin, positiv zu denken, da dies Ihr Unterbewusstsein dazu bringt, auf positive Befehle zu reagieren. Mit anderen Worten ausgedrückt: Sie denken, deswegen sind Sie. Der sechste und letzte Schritt besteht darin, die Autosuggestion immer dann zu üben, wenn Sie können, bis Sie diese Technik wie im Schlaf beherrschen. Zusammenfassend gesagt ist die Autosuggestion eine großartige Technik, um Ihren Geist durch Selbsthypnose neu zu programmieren und positive Veränderungen herbeizuführen.

Einige andere Formen der Autosuggestion sind (Wise Goals, o. J.):

- Erstellung Ihrer eigenen einprägsamen Aussagen, um sich selbst zu Veränderungen zu ermutigen
- ein Wort in der Autosuggestion verändern, um diese freundlicher zu gestalten
- Detektiv spielen kann dabei helfen, zwischen Meinung und Tatsache zu unterscheiden.
- Erinnerungen verwenden, um die Vergangenheit zu genießen, positive Emotionen zu erzeugen und Veränderungen zu bewirken

146

Autosuggestion kann Ihnen dabei helfen, eine zielgerichtete Denkweise zu implementieren, da diese Technik Ihr Denken neugestalten kann, indem sie einen anderen Geisteszustand oder Kontext schafft, von dem aus Sie arbeiten können. Dies wird Ihnen letztendlich dabei helfen, sich selbst zu unterstützen und positive Veränderungen herbeizuführen. Ein weiterer wichtiger Tipp ist, dass positive Selbstgespräche Ihre Leistung verbessern, wenn Sie auf das Erreichen des gewünschten Zieles und der gewünschten Ergebnisse hinarbeiten. Mit anderen Worten ausgedrückt: Sie werden sich motiviert fühlen, Ihr Bestes zu geben, um auf Ihre Ziele hinzuarbeiten. Der dritte Tipp, den Sie in Bezug auf Autosuggestion beachten sollten, besteht darin, dass Ihnen die Visualisierung des Zieles dabei hilft, es sich vorzustellen, was schließlich dazu führt, dass Sie dieses Ziel auch im wirklichen Leben anziehen (Sukhia, o. J.). Wenn Sie es sehen können, können Sie es glauben! Wichtig ist auch, zu beachten, dass mächtige Menschen die Macht besitzen, positive Veränderungen herbeizuführen.

Neuausrichtung eines Gefühls wahrer Macht für echten Erfolg

Um das Gefühl wahrer Macht im NLP-Bereich für echten Erfolg neu auszurichten, muss Ihr Geist darauf vorbereitet werden, die besten Dinge zu betrachten, die das Leben zu bieten hat, indem er reine Motive verwendet, wie Liebe, Mitgefühl und Empathie. Andererseits kann die Verwendung von selbstsüchtigen, egoistischen Motiven, wie materieller Gewinn als Rationalisierung für das Praktizieren von NLP-Techniken, letztendlich die Naturgesetze des Universums stören, indem ein Ungleichgewicht zwischen Ressourcen und Macht geschaffen wird. Dies wird lediglich dazu führen, die gleichen Absichten und Motive zu beeinflussen, von denen Sie ausgegangen sind. Um echte Veränderungen herbeizuführen und um einen echten Unterschied zu bewirken, müssen wir daher positive Werte, wie Integrität, verkörpern und personifizieren.

147

Zusammenfassung des Kapitels

In diesem Kapitel haben Sie alles über weitere NLP-Techniken gelernt, die in einer Vielzahl von Situationen und Kontexten angewendet und geübt werden können. Zum Beispiel können das Üben und Anwenden von NLP-Techniken in geschäftlichen und persönlichen Beziehungen und sogar in Ihrem Privatleben äußerst nützlich sein. Um Ihr Gedächtnis aufzufrischen, sind hier nochmals einige wichtige Punkte aus diesem Kapitel aufgeführt:

- NLP-Techniken können im Unternehmensumfeld zum Erfolg führen, da diese Techniken den Menschen beibringen, wie sie besser kommunizieren können, wodurch mehr Kunden, Umsatz und Gewinn erzielt werden.
- Die drei wichtigsten NLP-Kommunikationstricks im Geschäftsumfeld sind:
  - Sprechen Sie dieselbe Sprache wie Ihr Kunde.
  - Betrachten Sie die Dinge aus einer anderen Perspektive.
  - Analysieren Sie Ihre Überzeugungen.

- Einige Sprachmuster zur Umgehung von Einwänden beim Marketing oder Verkauf eines Produktes sind:
  - Lernen und verstehen Sie das zugrundeliegende Motiv bzw. die Wahrheit in Bezug auf den Kommentar, die Verhaltensweise oder die Überzeugung.
  - Präsentieren Sie die Informationen anders, indem Sie sie entsprechend der Motivation für den Einwand, die Auswahl oder die Handlung umformulieren.
  - Überprüfen Sie Ihr Verständnis, indem Sie den Satz, die Phrase oder das Problem so umformulieren, dass diese nicht bedrohlich wirken.
  - Machen Sie einen Vergleich, der darauf hindeutet, dass es weniger schwierig wäre, die Situation zu ändern, anstatt sie angesichts der Konsequenzen, die sich aus dem Einspruch ergeben, so zu belassen.

- NLP-Techniken erleichtern das Denken, Fühlen und Handeln in Beziehungen, was dazu beitragen kann, dass Beziehungen reibungsloser verlaufen und die Kommunikation verbessert werden kann.
- Einige hilfreiche Methoden, mit denen NLP-Techniken beim Aufbau und bei der Pflege von Beziehungen helfen, sind:

  - Auswahl des richtigen Partners
  - Ihrem Partner zuhören
  - Rapport aufbauen
  - Ihrer Leidenschaft oder Ihren Emotionen freien Lauf lassen

- Einen Mann durch NLP anzuziehen ist fast genauso, wie ihn dazu zu trainieren, mit Techniken, wie der Spiegelungstechnik, angemessen auf Sie zu reagieren.
- NLP-Techniken erleichtern Beziehungen, indem Sie Ihr eigenes sowie das bevorzugte Repräsentationssystem bzw. die sensorische Modalität Ihres Partners verstehen, wenn dieser mit Ihnen kommuniziert.
- Wenn Sie den VAKOG-Gehirn-Code (visuell-auditorisch-kinästhetisch-olfaktorisch-gustatorisch) verstanden haben, kann dies Ihre Beziehung verbessern, weil der Code Ihnen hilft, zu verstehen, welche sensorische Modalität Sie und Ihr Partner bevorzugen.
- Es ist entscheidend, die Kraft des Unterbewusstseins in Verbindung mit NLP-Techniken zu nutzen, da unser Unterbewusstsein jeden Aspekt unseres Lebens beeinflusst, steuert und kontrolliert, von unseren Emotionen über unsere Gedanken bis hin zu unseren Verhaltensweisen.
- NLP-Techniken, um die Kraft des Unterbewusstseins freizuschalten, umfassen:

  - negative Selbstgespräche und Ängste mithilfe der Techniken zum Kontern oder Löschen ausmerzen

149

- o Um Ihren Wunsch und Ihre Träume in die Tat umzusetzen, nutzen Sie die Brücken-Verbrenn-Technik, die Kleine-Gewinne- bzw. die Fortschrittsbalken-Technik sowie die Motivationstechnik.
- o Wenn Sie das Ergebnis Ihres Zieles im Voraus visualisieren oder es sich vorstellen, kann dieses Ziel zur Realität werden.
- o Autosuggestionen führen Gedanken auf folgende Art und Weise in das Unterbewusstsein ein:
  - Wiederholung
  - Visualisierung
  - Erstellung Ihrer eigenen Motivationssätze
  - Veränderung eines Wortes bei Autosuggestion, um diese freundlicher zu gestalten
  - Detektiv spielen kann dabei helfen, zwischen Meinung und Tatsache zu unterscheiden.
  - Nutzen von Erinnerungen, um positive Emotionen zu erzeugen, die sich auf positive Veränderungen auswirken können

- Die Autosuggestion hilft bei der Implementierung einer Zielsetzungsdenkweise, da die Autosuggestion Ihre Denkweise neugestalten kann, indem sie einen anderen Geisteszustand oder Kontext schafft, von dem aus Sie auf Ihre Ziele und Träume hinarbeiten können.
- Um das Gefühl wahrer Macht im NLP-Bereich für echten Erfolg neu auszurichten, muss Ihr Geist darauf vorbereitet werden, die besten Dinge zu betrachten, die das Leben zu bieten hat, indem er reine Motive, wie Liebe, Mitgefühl und Empathie, verwendet.

SCHLUSSWORT

Obwohl die Verwendung von NLP-Techniken umstritten ist, sind sie dennoch für jede Person von Vorteil, die beschließt, diese Techniken auf ihre jeweilige Situation anzuwenden. NLP oder Neurolinguistisches Programmieren kann für Beziehungen, Unternehmen sowie im Privatleben hilfreich sein, da die Praxis und Anwendung, unabhängig vom Kontext, zu erfolgreichen Ergebnissen führen kann. Es gibt Bedingungen, die die NLP-Praxis beeinflussen können, wie zum Beispiel die Rationalisierung der Anwendung von NLP-Techniken für persönlichen Gewinn und Macht. Trotzdem können uns NLP-Techniken dabei helfen, uns effektiv an die vielen Umgebungen bzw. Situationen anzupassen, in denen wir uns befinden, indem sie den Geist neu programmieren, damit dieser sich weiterentwickelt und dank der Kraft von Suggestion, Einfluss und Überzeugungskraft zu einem funktionelleren Instrument wird. Kurz gesagt, NLP-Techniken sind nützlich, weil sie unsere Denkweisen, Wahrnehmungen, Antworten und Reaktionen auf die Herausforderungen des Lebens verändern können.

Der achtsame Einsatz sowie das Üben von NLP-Techniken können die Macht wieder in Ihre eigenen Hände legen, indem sie Ihnen dabei helfen, Ihren Geist zu kontrollieren und positive Ergebnisse zu erzielen. Darüber hinaus kann NLP Sie dabei unterstützen, Ihre Programmierung und Überzeugungen an Ihrem eigenen Erfolg auszurichten und nicht im Widerspruch dazu. Zum Beispiel ermöglicht die Praxis der Selbsthypnose, konstruktive Gedanken mit spezifischen NLP-Techniken, wie der Autosuggestion und der Verankerung, in das Unterbewusstsein einzuführen. Andere NLP-Techniken, wie hypnotische Kraftwörter, können das Unterbewusstsein zum Handeln anregen, indem sie Reaktionen auslösen, die unsere Gedanken, Verhaltensweisen und Gefühle direkt beeinflussen können. NLP-Framing kann den Geist einer Person transformieren, indem die Verbindungen des limbischen

151

Systems zwischen Amygdala und Hippocampus umstrukturiert werden, wodurch auch die Realität der Person verändert wird.

NLP ist eine sich stets weiterentwickelnde Wissenschaft, die sich in vielen Bereichen, wie beispielsweise in der Psychologie, als nützlich erweist, da NLP-Techniken greifbare Ergebnisse liefern, wie Menschen beeinflusst, manipuliert und kontrolliert werden können. Laut Zaharia, Reiner und Schutz konnten in einer Studie, bei der „das Angstniveau bei fünfzig Teilnehmern mit Klaustrophobie gemessen wurde, die Angstwerte nach NLP-Sitzungen während der MRT-Untersuchung signifikant verringert werden" (2015). Es ist also offensichtlich, dass NLP in einer Vielzahl von Kontexten und Situationen effiziente und wertvolle Ergebnisse liefert.

Die wahre Macht von NLP-Techniken zeigt sich in den Themen und in dem Wissen, die in diesem Buch vorgestellt wurden. Wir haben uns angesehen, wie NLP-Techniken in realen Situationen und Beispielen angewendet werden können. Indem Sie das Thema NLP sowie die Anwendung von NLP-Techniken näher untersucht haben, sind Sie jetzt besser informiert und bereit, selbst Maßnahmen zu ergreifen, um Ihr Leben und das Leben Ihrer Mitmenschen zu verbessern. Es liegt an Ihnen, zu entscheiden, wie Sie diese Informationen verwenden und anwenden. Gedanken-Programmierung ist allerdings stets mit Vorsicht anzuwenden, da sie neben heilenden Eigenschaften auch potenzielle Schäden hervorrufen kann. Denken Sie zum Beispiel an die vielen Kulte, die Personen durch Manipulation und List ausnutzen.

Wenn Sie die in diesem Buch vorgestellten NLP-Techniken anwenden und üben, können Sie die Kontrolle über Ihr eigenes Leben übernehmen, während Sie erfahren, wie Sie die Kraft Ihres Unterbewusstseins nutzen können. Sie tun dies, um Ihre Gedanken, Gefühle und Verhaltensweisen konstruktiver und erfolgreicher zu beeinflussen und zu lenken. Wenn Sie die Kontrolle über

Ihren eigenen Verstand übernehmen, ist es weniger wahrscheinlich, dass andere Menschen Sie mit böswilligen Absichten manipulieren und kontrollieren.

Das Potenzial von NLP-Techniken zur Verbesserung des Lebens ist beinahe grenzenlos. Dies liegt zum Teil daran, dass NLP
vielseitig und an eine Vielzahl von Situationen, Kontexten und Personen anpassbar ist. Darüber hinaus sind NLP-Techniken offen
und weniger strukturiert, was zusätzliche Möglichkeiten zur
Selbststeuerung bietet, wie zum Beispiel, dass Sie sich selbst beibringen können, positiver zu denken. Es sind diese Möglichkeiten
der Selbststeuerung, die es Ihnen ermöglichen, die Kontrolle über
Ihr Leben zu übernehmen, indem Sie sich dafür entscheiden, Ihren Geist und die äußeren Erscheinungsformen Ihres Geistes zu
steuern. Sobald Sie diese Wahl getroffen haben, ist NLP kein ma-
nipulatives Werkzeug mehr, sondern eine hilfreiche Methode, um
den Verlauf Ihres Lebens zu ändern.

Ihr Leben wird sich ändern, wenn Sie offener für die Möglichkeiten sind, die Ihnen NLP bietet, weil Sie jetzt verstehen, dass das,
was Sie tun, Ihren Geist beeinflusst und dass Ihr Geist das beeinflusst, was Sie tun. Die bidirektionale Natur dieser Beziehung ermöglicht es Ihnen, sich achtsam auf die Gegenwart zu
konzentrieren und zu lernen, in der Zukunft bessere Entscheidungen zu treffen.

NLP ist ein leistungsstarkes Instrument zur Veränderung, das
positive Realitäten schaffen kann, indem es Ihnen neuere, effizientere Möglichkeiten zur Anpassung an Ihre Umgebung und Le-
bensereignisse bietet. Indem Sie den Kontext ändern und Ihren
Geist neu programmieren, können Sie die Gesamtsituation sowie
Ihre Perspektive verändern. Eine andere Perspektive ermöglicht es
unseren Gedanken, Verhaltensweisen und Gefühlen, sich in eine
positivere Richtung zu bewegen, um unsere Ziele zu erreichen und
unsere Träume zu erfüllen. Es ist diese Verschiebung, bei der NLP

hilft, die Rezeption zu lenken, indem der Verstand umprogrammiert wird, um angemessener auf die Gesamtsituation selbst zu reagieren.

Wenn Sie Ihr Leben selbst in die Hand nehmen möchten, dann ist NLP der Katalysator, um dies zu erreichen. Sie brauchen lediglich ein wenig Integrität, Mitgefühl und Empathie für sich selbst und Ihre Mitmenschen. Um jedoch effektiv mit Veränderungen umgehen zu können, müssen Sie zunächst offen dafür sein. Hier kann NLP Ihnen Werkzeuge bieten, um dies zu erreichen. Es kann Ihren Lebensweg erheblich verbessern, wenn Sie offen für Vorschläge, Veränderungen und Einflüsse sind. Dann sind Sie in Ihrem Leben nicht länger ein Opfer der Umstände, sondern nehmen Ihr Leben selbst in die Hand.

VERWEISE

Amante, C. (o. J.). How to use anchoring to mesmerize women. Girls Chase. Abgerufen am 19. Februar 2020 von https://www.girlschase.com/content/how-use-anchoring-mesmerize-women

Anchoring. (2019). NLP World. Abgerufen am 19. Februar 2020 von https://www.nlpworld.co.uk/nlp-glossary/a/anchoring/

Anchoring: NLP technique (o. J.). NLP Secrets. Abgerufen am 19. Februar 2020 von https://www.nlp-secrets.com/nlp-technique-anchoring.php

Andriessen, E. (2010). The philosophy and ethics of neuro linguistic programming. The Princeton Tri-State Center for NLP. Abgerufen am 7. Februar 2020 von https://nlpprinceton.com/the-philosophy-and-ethics-of-neuro-linguistic-programming-nlp/

Babich, N. (2016). How to detect lies: Micro expressions. Medium. Abgerufen am 12. Februar 2020 von https://medium.com/@101/how-to-detect-lies-microexpressions-b17ae1b1181e

Bandler, R. (2009). Messing with your head: Does the man behind neuro-linguistic programming want to change your life - Or control your mind? Independent. Abgerufen am 7. Februar 2020 von https://www.independent.co.uk/life-style/health-and-families/healthy-living/messing-with-your-head-does-the-man-behind-neuro-linguistic-programming-want-to-change-your-life-1774383.html

Barratt, B. (2019). 3 basic NLP techniques to bring more success to your business. Forbes. Abgerufen am 20. Februar 2020 von https://www.forbes.com/sites/biancabarratt/2019/07/11/3-basic-nlp-techniques-to-bring-more-success-to-your-business/#17fd0b063078

Bass, M. (o. J.). 5 powerful auto suggestion techniques to take control of your life. Mind to Succeed. Abgerufen am 20. Februar 2020 von https://www.mindtosucceed.com/auto-suggestion-techniques.html

Basu, R. (2016). Frame control, stealing your mind back. The NLP company. Abgerufen am 14. Februar 2020 von http://www.thenlpcompany.com/case-study/stealing-your-mind-back/

Beale, M. (2020). NLP techniques: 85+ essential neuro linguistic programming techniques. NLP Techniques: Neuro-Linguistic Programming Techniques. Abgerufen am 8. Februar 2020 von https://www.nlp-techniques.org

Body language secret: How to spot a bored person. (o. J.). Mentalizer Education. Abgerufen am 11. Februar 2020 von https://mentalizer.com/body-language-secret-how-to-spot-a-bored-person.html

Bored body language. (o. J.) Changing Minds. Abgerufen am 11. Februar 2020 von http://changingminds.org/techniques/body/bored_body.htm

Bradberry, T. (2017). 8 ways to read someone's body language. Inc. Abgerufen am 9. Februar 2020 von https://www.inc.com/travis-bradberry/8-great-tricks-for-reading-peoples-body-language.html

Bundrant, H. (o. J.). What is neuro-linguistic programming - NLP - And why learn it? iNLP. Abgerufen am 6. Februar 2020 von https://inlpcenter.org/what-is-neuro-linguistic-programming-nlp

Bundrant, M. (o. J.). Controlling people: Nine subtle ways you give others too much power. iNLP. Abgerufen am 9. Februar 2020 von https://inlpcenter.org/everyone-tries-to-control-me/

Bundrant, M. (o. J.). Love languages of NLP - Using VAK to increase awareness. iNLP. Abgerufen am 20. Februar 2020 von https://inlpcenter.org/love-languages/

Bundrant, M. (o. J.). NLP eye movements: Can you tell when someone is lying? iNLP. Abgerufen am 9. Februar 2020 von https://inlpcenter.org/chunk/coaching-exercise-eye-accessing-cues-business-making-decisions-solving-problems-2/

Campbell, S. (2017). How to use autosuggestion effectively, the definitive guide. Unstoppable Rise. Abgerufen am 20. Februar 2020 von https://www.unstoppablerise.com/autosuggestion-guide/

Carey, D. (2017). Anchoring sales techniques. Abgerufen am 19. Februar 2020 von https://smallbusiness.chron.com/anchoring-sales-techniques-21435.html

Carey, T. (23. August 2015). The secret to controlling other people.. Abgerufen am 8. Februar 2020 von https://www.psychologyto-day.com/us/blog/in-control/201508/the-secret-controlling-other-people

Carroll, M. (2013). NLP anchoring. Abgerufen am 19. Februar 2020 von https://www.nlpacademy.co.uk/articles/view/nlp_anchoring/

Casale, P. (2012). NLP secrets. Abgerufen am 14. Februar 2020 von https://www.nlp-secrets.com/nlp-secrets-downloads/NLP Secrets.pdf

catherine. (9. Oktober 2014). Introducing frames. Mind Training Systems. Abgerufen am 12. Februar 2020 von https://www.mindtraining-systems.com/content/introducing-frames

Coordinate. (o. J.). In Lexico. Abgerufen am 18. Februar 2020 von https://www.lexico.com/en/definition/coordinate

Ellerton, R. (2008). Meta-model of Milton-model. Abgerufen am 16. Februar 2020 from http://asbi.weebly.com/uplo-ads/4/4/7/7/4477114/ebook-milton-model-summary.pdf

Ellerton, R. W. (2012). Win-win influence: How to enhance your personal and business relationships. Renewal Technologies Inc.

Elston, T. (2018). NLP training – The Milton model – Language for change. Abgerufen am 16. Februar 2020 von https://www.nlpworld.co.uk/nlp-training-the-milton-model-lan-guage-for-change/

Eng, D. (Ed.). (o. J.). Use NLP to attract a man. Abgerufen am 20. Februar 2020 von https://visihow.com/Use_NLP_to_Attract_a_Man

Eye accessing cues. (2019). NLP World. Abgerufen am 9. Februar 2020 von https://www.nlpworld.co.uk/nlp-glossary/e/eye-accessing-cues/

Firestone, L. (2016). Is your past controlling your life? Psychology Today. Abgerufen am 8. Februar 2020 von https://www.psychologyto-day.com/intl/blog/compassion-matters/201611/is-your-past-con-trolling-your-life

Frame control: The big secret to starting fun conversations. (o. J.). Your Charisma Coach. Abgerufen am 14. Februar 2020 von http://www.yourcharismacoach.com/vault/frame-control-the-big-secret-to-starting-fun-conversations/

Frank, M. (2019). 25 secrets of influence and persuasion. Life Lessons. Abgerufen am 12. Februar 2020 von https://lifelessons.co/personal-development/nlpinfluencepersuasion/

Goldrick, L. (2013). Are covert manipulation techniques ethical? Common Sense Ethics. Abgerufen am 7. Februar 2020 von https://www.commonsenseethics.com/blog/immorality-of-covert-manipulation-techniques

Golden, B. (2017). Being controlled provokes anger. So does feeling controlled. Psychology Today. Abgerufen am 8. Februar 2020 von https://www.psychologytoday.com/intl/blog/overcoming-destructive-anger/201706/being-controlled-provokes-anger-so-does-feeling-controlled

Goodman, M. (2018). NLP practitioner notes. Abgerufen am 7. Februar 2020 von https://vadea.viaafrika.com/wp-content/uploads/2017/10/NLP-Practitioner-Training-Notes-MD-Goodman.pdf

Grinder, J. & St. Clair, C. B. (o. J.). Is the NLP „Eye Accessing Cues" model really valid? Bradbury AC. Abgerufen am 9. Februar 2020 von http://www.bradburyac.mistral.co.uk/nlpfax09.htm

Hall, M. (2010). The magic you can perform with reframing. Neuro-Semantics: International Society of Neuro-Semantics. Abgerufen am 13. Februar 2020 von https://www.neurosemantics.com/the-magic-you-can-perform-with-reframing/

Hartmann, T. (2018). NLP and the power of persuasion - Neuro-linguistic programming [Video file]. YouTube. Abgerufen am 6. Februar 2020 von https://www.youtube.com/watch?v=sPC2DKswfs0

Henger, K., & Byrne, L. (2019). How to tell if you've offended someone and what you can do to win them over again. Now to Love. Abgerufen am 10. Februar 2020 von https://www.nowtolove.co.nz/lifestyle/sex-relationships/body-language-how-to-tell-if-youve-offended-someone-win-them-over-again-suzanne-masefield-39815

Home. (o. J.). Psychoheresy Aware. Abgerufen am 8. Februar 2020 von https://www.psychoheresy-aware.org/nlp-ph.html

How the conscious and subconscious mind work together. (2015). Mercury. Abgerufen am 14. Februar 2020 von http://www.ilanelanzen.com/mind/how-the-conscious-and-subconscious-mind-work-together/

How you can read people's minds (But not in the way you think). (2017).
Daily NLP. Abgerufen am 9. Februar 2020 von https://dail-ynlp.com/how-you-can-read-peoples-minds-but-not-in-the-way-you-think/

Hutton, G. (2017). Frame control exercises. Mind Persuasion. Abgerufen am
13. Februar 2020 von https://mindpersuasion.com/frame-control-exercises/

Hutton, G. (6. Juni 2018). Milton model. Mind Persuasion. Abgerufen am
16. Februar 2020 von https://mindpersuasion.com/milton-model/

Iliopoulos, A. (2015). The Russell Brand method - An impressive frame control strategy. The Quintessential Mind. Abgerufen am 14. Februar
2020 von https://thequintessentialmind.com/the-russel-brand-method/

InspiritiveNLP. (2008). John Grinder discusses what's ethical in NLP
[Video file]. Abgerufen am 7. Februar 2020 von https://www.youtube.com/watch?v=3pFTMdq0v6Y

Jalili, C. (21. August 2019). How to tell if someone is lying to you, according
to experts. Time. Abgerufen am 11. Februar 2020 von
https://time.com/5443204/signs-lying-body-language-experts/

James, G. (23. Mai 2017). How to instantly reduce stress, according to brain
scans. Inc. Abgerufen am 19. Februar 2020 von
https://www.inc.com/geoffrey-james/how-to-instantly-reduce-stress-according-to-science.html

Laborde, G. (2008). Resist hypnosis and hypnotic conversations. Influence
Integrity. Abgerufen am 15. Februar 2020 von https://influence-integrity.blogspot.com/2008/04/resist-hypnosis-and-hypno-tic.html

Lawson, C. (8. Januar 2019). How to seamlessly break down someone's resistance during hypnosis with the non-awareness set. Hypnosis
Training Academy. Abgerufen am 15. Februar 2020 von
https://hypnosistrainingacademy.com/break-down-resistance-during-hypnosis/

Ledochowski, I. (10. Oktober 2019). 15 incredibly effective hypnotic power
words to ethically influence others - 2nd edition Hypnosis Training

Academy. Abgerufen am 18. Februar 2020 von https://hypnosis-trainingacademy.com/3-surefire-power-words-to-gain-power-and-influence-people-fast/

Ledochowski, I. (8. Januar 2019). 9 essential skills you must master before becoming a seriously skilled conversational hypnotist - 2nd edition. Hypnosis Training Academy. Abgerufen am 18. Februar 2020 von https://hypnosistrainingacademy.com/becoming-a-great-conversational-hypnotis

Lee, B. (15. August 2017). A weak handshake is worse than no handshake. Lifehack. Abgerufen am 12. Februar 2020 von https://www.lifehack.org/620939/body-language-deliver-memorable-handshake

Lips body language. (o. J.). Changing Minds. Abgerufen am 10. Februar 2010 von http://changingminds.org/techniques/body/parts_body_language/lips_body_language.htm

Louv, J. (2017). 10 ways to protect yourself from NLP mind control. Ultra Culture. Abgerufen am 7. Februar 2020 von https://ultraculture.org/blog/2014/01/16/nlp-10-ways-protect-mind-control

Martin. (2018). Using specifically vague language in your advertising. Evolution. Abgerufen am 7. Februar 2020 von https://www.evolution-development.com/specifically-vague-language-and-marketing/

Mask, T. (2019). 10 trance signals in covert hypnosis. Hypnosis Unlocked. Abgerufen am 15. Februar 2020 von https://www.hypnosisunlocked.com/10-trance-signals-in-covert-hypnosis/

Matsumoto, D. & Hwang, H. C. (2018). Microexpressions differentiate truths from liees about future malicious intent. Frontiers in Psychology. Abgerufen am 12. Februar 2020 von https://www.frontiersin.org/articles/10.3389/fpsyg.2018.02545/full

Mayer, G. (2018). Subconscious mind - How to unlock and use its power. Thrive Global. Abgerufen am 20. Februar 2020 von https://thriveglobal.com/stories/subconscious-mind-how-to-unlock-and-use-its-power/

Mcleod, A. (2015). Hot words & hot language. Angus Mcleod. Abgerufen am 18. Februar 2020 von https://angusmcleod.com/hot-words-hot-language

Methods of neuro-linguistic programming. (2019). In Wikipedia. Abgerufen am 16. Februar 2020 von https://en.wikipedia.org/wiki/Methods_of_neuro-linguistic_programming#Milton_model

Milton Model. (2018). NLP World. Abgerufen am 15. Februar 2020 von https://www.nlpworld.co.uk/nlp-glossary/m/milton-model/

Mind Tools Co. (2019). NLP eye accessing cues. Mind Tools. Abgerufen am 9. Februar 2020 von https://www.mindtools.co.th/personal-development/neuro-linguistic-programming/nlp-eye-accessing-cues/

Mind Tools Co. (24. September 2019). NLP anchoring - Feeling good for no reason. Mind Tools. Abgerufen am 19. Februar 2020 von https://www.mindtools.co.th/personal-development/neuro-linguistic-programming/nlp-anchoring/

MindVale. (2016). NLP hypnosis: how do NLP and hypnosis work together? Medium. Abgerufen am 14. Februar 2020 von https://medium.com/@mindvale/nlp-hypnosis-how-do-nlp-and-hypnosis-work-together-36e399aa5897

Moghazy, E. (2018). Understanding NLP for healthy relationships. Marriage.com. Abgerufen am 20. Februar 2020 von https://www.marriage.com/advice/mental-health/understanding-nlp-for-healthy-relationships/

Morris, M. (2017). What is NLP and how do I use it to create success? Matt Morris. Abgerufen am 6. Februar 2020 von https://www.mattmorris.com/what-is-nlp/

Muoio, D. (o. J.). Body talk: Talk to the hand – The body language of handshakes and hand gestures. Arch Profile. Abgerufen am 12. Februar 2020 von http://blog.archprofile.com/archinsights/body_language_handshakes_gestures

Newman, S. (2018). Why anyone would want to control you. Psych Central. Abgerufen am 8. Februar 2020 von https://psychcentral.com/blog/why-anyone-would-want-to-control-you/

NLP Dynamics. (o. J.). Eye accessing cues exercise. NLP Dynamics. Abgerufen am 9. Februar 2020 von http://www.distancelearning.academy/wp-content/uploads/2015/02/Eye-Accessing-Cues-Exercises.pdf

NLP Milton Model. (17. Mai 2019). Excellence Assured. Abgerufen am 16. Februar 2020 von https://excellenceassured.com/nlp-training/nlp-certification/milton-model

NLP skills: Reading eye accessing cues. (2019). Daily NLP. Abgerufen am 9. Februar 2020 von https://dailynlp.com/eye-accessing-cues/

NLP technique: Framing. (o. J.). NLP Secrets. Abgerufen am 13. Februar 2020 von https://www.nlp-secrets.com/nlp-technique-framing.php

NLP technique - Positive framing. (o. J.). NLP Secrets. Abgerufen am 13. Februar 2020 von https://www.nlp-secrets.com/nlp-technique-positive-framing.php

NLP technique: The history of NLP. (o. J.). Abgerufen am 9. Februar 2020 von http://www2.vobs.at/ludescher/Grammar/nlp techniques.htm

NLP today. (o. J.). NLP School. Abgerufen am 6. Februar 2020 von https://www.nlpschool.com/what-is-nlp/nlp-today/

NLP values, trance words and politics (2015). The NLP Company. Abgerufen am 7. Januar 2020 von https://www.thenlpcompany.com/mind-control/nlp-values-and-politics/

Non verbal communication. (o. J.). Maximum Advantage. Abgerufen am 11. Februar 2020 von http://www.maximumadvantage.com/nonverbal-communication/non-verbal-communication-how-to-know-if-someone-is-bored.html

Palokaj, M. (2018). 23 body language tricks that make you instantly likeable. Lifehack. Abgerufen am 12. Februar 2020 von https://www.lifehack.org/316057/23-body-language-tricks-that-make-you-instantly-likeable

Parvez, H. (14. Mai 2015). Body language: Positive and negative evaluation gestures. Psych Mechanics. Abgerufen am 11. Februar 2020 von https://www.psychmechanics.com/positive-and-negative-evaluation/

Quantum-linguistics. (o. J.). Neurochromatics. Abgerufen am 6. Februar 2020 von https://www.neurochromatics.com/quantum-linguistics/

Radwan, F. (o. J.). Body language: In state of anxiousness. 2 Know Myself. Abgerufen am 11. Februar 2020 von https://www.2knowmyself.com/body_language/body_language_anxious

Radwan, F. (o. J.). Body language: In state of unease, shyness, and defensiveness. 2 Know Myself. Abgerufen am 10. Februar 2020 von https://www.2knowmyself.com/body_language/body_language_defensive_position

Radwan, F. (o. J.). Body language and micro gestures. 2 Know Myself. Abgerufen am 11. Februar 2020 von https://www.2knowmyself.com/Body_language/body_language/micro_gestures

Radwan, F. (o. J.). Body Language & thinking. 2 Know Myself. Abgerufen am 10. Februar 2020 von https://www.2knowmyself.com/body_language/body_language_evaluation

Radwan, F. (o. J.). 5 ways to hypnotize someone during a conversation. 2 Know Myself. Abgerufen am 18. Februar 2020 von https://www.2knowmyself.com/5_ways_to_hypnotize_someone_during_a_conversation

Radwan, F. (o. J.). Reading body language. 2 Know Myself. Abgerufen am 10. Februar 2020 von https://www.2knowmyself.com/body_language/body_language_main

Radwan, F. A. R. O. (o. J.). Using body language to your advantage. 2 Know Myself. Abgerufen am 10. Februar 2020 von https://www.2knowmyself.com/body_language/body_language_reverse

Radwan, M. F. (o. J.). How to convince someone to believe in anything. 2 Know Myself. Abgerufen am 12. Februar 2020 von https://www.2knowmyself.com/Psychology_convincing_someone/Convincing_someone_to_Believe_in_anything

Radwan, F. (o. J.). How to read people's minds (Learn how to read people). 2 Know Myself. Abgerufen am 8. Februar 2020 von https://www.2knowmyself.com/body_language/Mind_Reading/knowing_what_other_people_are_thinking_of

Ready body language. (o. J.). Changing Minds. Abgerufen am 11. Februar 2020 von http://changingminds.org/techniques/body/ready_body.htm

Self-hypnosis and hypnotherapy. (o. J.). SkillsYouNeed.com. Abgerufen am 20. Februar 2020 von https://www.skillsyouneed.com/ps/self-hypnosis.html

7 most effective mind control techniques tips in NLP. (o. J.). Abgerufen am 7. Februar 2020 von https://www.mindorbs.com/article/7-most-effective-mind-control-techniques-tips-nlp

Sewdayal, Y. (2019). Controlling behavior: Signs, causes, and what to do about it. Supportiv. Behavior: Signs, Causes, and What To Do About It. Abgerufen am 7. Februar 2020 von https://www.supportiv.com/relationships/controlling-behavior-signs-causes-what-to-do

Smith, A. (2018). Introduction to NLP anchoring 8: Chaining anchors. Abgerufen am 19. Februar 2020 von https://nlppod.com/nlp-anchoring-chaining-anchors/

Smith, A. (2016). Framing and some commonly used frames in NLP. Practical NLP Podcast. Abgerufen am 13. Februar 2020 von https://nlppod.com/framing-commonly-used-frames-nlp/

Snyder, D. (2010). Anti-mind control - Building resistance to unethical persuasion and black hypnosis. NLP Power. Abgerufen am 15. Februar 2020 von https://www.nlppower.com/2010/07/04/anti-mind-control-building-resistance-to-unethical-persuasion-2/

Spector, N. (2018). Smiling can trick your brain into happiness - And boost your health. NBC News. Abgerufen am 10. Februar 2020 von https://www.nbcnews.com/better/health/smiling-can-trick-your-brain-happiness-boost-your-health-ncna822591

Steber, C. (2017). 11 subtle signs someone may be uncomfortable around you. Bustle. Abgerufen am 10. Februar 2020 von https://www.bustle.com/p/11-subtle-signs-someone-may-be-uncomfortable-around-you-7662695

Sukhia, R. (2019). Goal setting mindset: The power of autosuggestion and visualization. Build Business Results. Abgerufen am 20. Februar 2020 von https://buildbusinessresults.com/goal-setting-mindset-the-power-of-autosuggestion-and-visualization/

Sum, Y. (2004). The magic of suggestive language. Dr. Yvonne Sum. Abgerufen am 15. Februar 2020 von http://www.dryvonne-sum.com/pdf/The_Magic_of_Suggestive_Language-NLP.pdf

Sweet, M. (2017). 015 - Learning frames of NLP - And how to apply them. Mike Sweet. Abgerufen am 13. Februar 2020 von https://www.mikesweet.co.uk/015-learning-frames-nlp/

The body language of confidence. (o. J.). 2 Know Myself. Abgerufen am 12. Februar 2020 von https://www.2knowmyself.com/body_language/body_language_self_confidence

The definitive guide to reading microexpressions (facial expressions). (o. J.). Science of People. Abgerufen am 12. Februar 2020 von https://www.scienceofpeople.com/microexpressions/

The hypnotic power of words. (2019). NLP Training Dubai. Abgerufen am 17. Februar 2020 von https://www.nlptrainingdubai.com/the-hypnotic-power-of-words/

The power of NLP. (2018). Glomacs. Abgerufen am 6. Februar 2020 von https://glomacs.com/articles/the-power-of-nlp

Thomas, A. (2019). NLP in Relationships. Anil Thomas. Abgerufen am 20. Februar 2020 von https://www.ttgls.in/nlp-relationships/

Tippet, G. (1994). Inside the cults of mind control. Cult Education. Abgerufen am 7. Februar 2020 von https://culteducation.com/information/8530-inside-the-cults-of-mind-control.html

Tosey, P., & Mathison, J. (1970). NLP and ethics - Outcome, ecology and integrity. Neuro-Linguistic Programming, 144-160. Abgerufen von https://doi.org/10.1057/9780230248311_12

Tyrrell, I. (2018). The uses and abuses of hypnosis. Human Givens Institute. Abgerufen am 15. Februar 2020 von https://www.hgi.org.uk/resources/delve-our-extensive-library/ethics/uses-and-abuses-hypnosis

Use autosuggestion techniques to create changes faster. (o. J.). Wise Goals. Abgerufen am 20. Februar 2020 von https://www.wise-goals.com/autosuggestion-techniques.html

Waude, A. (2016). Emotions and memory: How do your emotions affect your ability to remember information and recall past memories? Psychologist World. Abgerufen am 19. Februar 2020 von https://www.psychologistworld.com/emotion/emotion-memory-psychology

Westside Toastmasters. (o. J.). The social leverage in active hand gestures. Westside Toastmasters. Abgerufen am 12. Februar 2020 von https://westsidetoastmasters.com/resources/book_of_body_language/chap2.html

What is covert hypnosis? Discover the 4 stage covert hypnosis formula. (o. J.). Rebel Magic. Abgerufen am 15. Februar 2020 von https://rebelmagic.com/covert-hypnosis/

Wilcox, D. G. (2011). NLP, mind control, and the arrogance and downfall of power. Ezine Articles. Abgerufen am 20. Februar 2020 von https://ezinearticles.com/?id=6036132&NLP,-Mind-Control,-and-the-Arrogance-and-Downfall-of-Power=

Woodley, G. (o. J.). Anchoring in sales. Selling and Persuasion Techniques. Abgerufen am 19. Februar 2020 von https://www.sellingandpersuasiontechniques.com/anchoring-in-sales.html

Wright, S., & Basu, R. (2014). Hypnotic language patterns to bypass resistance. The NLP Company. Abgerufen am 20. Februar 2020 von https://www.thenlpcompany.com/case-study/hypnotic-language-patterns-to-bypass-resistance/

Your definitive guide to neuro linguistic programming. (2017). Inner High Living. Abgerufen am 14. Februar 2020 von https://innerhighliving.com/neurolinguistic-programming-guide/

Teaching determiners in articles. (11. August 2017). Your Dictionary. Abgerufen am 18. Februar 2020 von https://education.yourdictionary.com/for-teachers/teaching-articles-and-determiners.html

Zaharia, C., Reiner, M. & Schütz, P. (2015). Evidence-based neuro linguistic psychotherapy: A meta-analysis. Psychiatria Danubina, 27(4), 355-363. Abgerufen von https://www.ncbi.nlm.nih.gov/pubmed/26609647

Zhi-peng, R. (2014). Body language in different cultures. David Publisher. Abgerufen am 10. Februar 2020 von http://www.davidpublisher.com/Public/uploads/Contribute/550928be54286.pdf

Als Beilage zu diesem Buch erhalten Sie ein kostenloses E-Book zum Thema „Hypnose".

In diesem Bonusheft „Hypnose Schnellstart-Anleitung" erhalten Sie eine Einführung in die Welt der Konversationshypnose. Mit diesen Techniken können Sie andere Menschen während eines normalen Alltagsgespräches unbemerkt hypnotisieren.

Sie können das Bonusheft folgendermaßen erhalten:

Öffnen Sie ein Browserfenster auf Ihrem Computer oder Smartphone und geben Sie Folgendes ein:

emorygreen.com/bonusheft

Sie werden dann automatisch auf die Download-Seite geleitet.

Bitte beachten Sie, dass dieses Bonusheft nur für eine begrenzte Zeit zum Download verfügbar ist.